Mein großes Grundschul-Übungsbuch Mathematik 1.–4. Klasse

von:
Hans Bergmann
Detlev Heuchert
Anke Kaufmann
Renate Teifke

Klett Lerntraining

Die kleinen Lerndrachen

Mein großes Grundschul-Übungsbuch

Mathematik 1.–4. Klasse

Autoren:
Hans Bergmann (S. 106-145, 146-185)
Detlev Heuchert (S. 106-145, 146-185)
Anke Kaufmann (S. 56-105)
Renate Teifke (S. 8-55, 106-145)

Illustratoren:
Marina Apenberg, Ludwigsburg (S. 8-17, 26-29)
Mo Büdinger, Bowling Green (S. 18-25, 30-55)
Udo Clormann, Wiesbaden (S. 176)
Sven Palmowski, Barcelona (S. 130, 132, 138, 139, 167)
Katja Rau, Fellbach (S. 56-93, 98-105)
Jutta Sailer, Stuttgart (S. 88-89, 94-97, 108, 126, 129, 134, 138, 144, 145)
Thomas Thiemeyer, Stuttgart (alle Leitfiguren)

Bibliografische Information der Deutschen Nationalbibliothek
Die Deutsche Nationalbibliothek verzeichnet diese Publikation in der Deutschen Nationalbibliografie; detaillierte bibliografische Daten sind im Internet über http://dnb.d-nb.de abrufbar.

Auflage 4 3 2 1 I 2015 2014 2013 2012
Die letzten Zahlen bezeichnen jeweils die Auflage und das Jahr des letzten Druckes.

Dieses Werk folgt der neuesten Rechtschreibung und Zeichensetzung.

www.klett.de/lernhilfen

Auszüge aus: Mein großes Trainingsbuch Deutsch + Rechnen 1. Klasse;
Mein großes Traningsbuch Mathe 2. Klasse; Mein großes Traningsbuch Mathe 3. Klasse;
Mein großes Traningsbuch Mathe 4. Klasse; Mein Übungsheft Rechnen bis 20
Mein Übungsheft Lesen + Rechtschreiben 1. Klasse; Mein Übungsheft
Rechnen bis 20

Satz: TEBITRON GmbH, Gerlingen
Druck: Medienhaus Plump GmbH, Rheinbreitbach
Printed in Germany
ISBN 978-3-12-929106-5

9 783129 491065

Herzlich willkommen bei Familie Lerndrache!

Super, dass du mit uns üben und lernen möchtest! Du wirst sehen: Mit uns macht das richtig viel Spaß! Wir haben viele Tipps für dich und helfen dir, sodass du bald fit in Mathe bist.

Name: Lizzy Lerndrache
Das mag ich: Sport, vor allem Reiten und Ballett; schöne Kleider und meine Perlenkette; meine Familie, besonders meinen Bruder Lenny (meistens jedenfalls)
So bin ich: erfinderisch und ganz schön schlau
So helfe ich dir: Ich habe extra clevere Tipps für dich!

Name: Lenny Lerndrache
Das mag ich: Sport; alles, was mit Technik zu tun hat; Feuer spucken; meine Familie, besonders meine Schwester Lizzy (meistens jedenfalls)
So bin ich: hilfsbereit und neugierig
So helfe ich dir: Ich sage dir alles, was du dir merken solltest.

Name: Floh Lerndrache (Baby)
Das mag ich: Quatsch!
So bin ich: frech und noch klein, daher kann ich kaum reden und leider noch nicht fliegen
So helfe ich dir: Ich mache Unfug und sorge dafür, dass du beim Lernen was zu lachen hast.

Name: Nepomuk Lerndrache (Opa)
Das mag ich: fliegen und Saltos schlagen; mit meinem Stock zaubern; faulenzen; meine Enkelkinder
So bin ich: gemütlich, manchmal kann ich auch richtig frech sein
So helfe ich dir: Ich verrate dir meine ganz persönlichen Eselsbrücken. Außerdem erinnere ich dich daran, auch mal eine Pause zu machen!

1. Klasse

2. Klasse

Die Grundrechenarten / Arithmetik

Rechnen mit Größen

Textaufgaben / Sachaufgaben

3. Klasse

Die Grundrechenarten

Rechnen mit Größen und Textaufgaben / Sachaufgaben

Hilfen zum Lösen von Textaufgaben / Sachaufgaben

Geometrie

4. Klasse

Tierfütterung im Zoo

Evi und Jonas besuchen den Zoo.
Sie kommen gerade rechtzeitig zur Tierfütterung.

1 Bekommt jeder Seehund einen Fisch?
Zeichne Linien.

2 Reicht das Futter auch bei den Affen und Kaninchen? Zeichne wieder Linien.

3 Wie oft findest du diese Dinge auf den Seiten 62 und 63? Schreibe die Anzahl auf.

5					

Dominospiele

Lukas besitzt ein besonderes Dominospiel. Auf jedem Stein ist eine Zahl und ein Punktmuster zu sehen.

1 Lege die Dominosteine so aneinander, dass immer Zahl und Muster zusammenpassen. Übertrage dazu die Punkte und Zahlen in das Spiel.

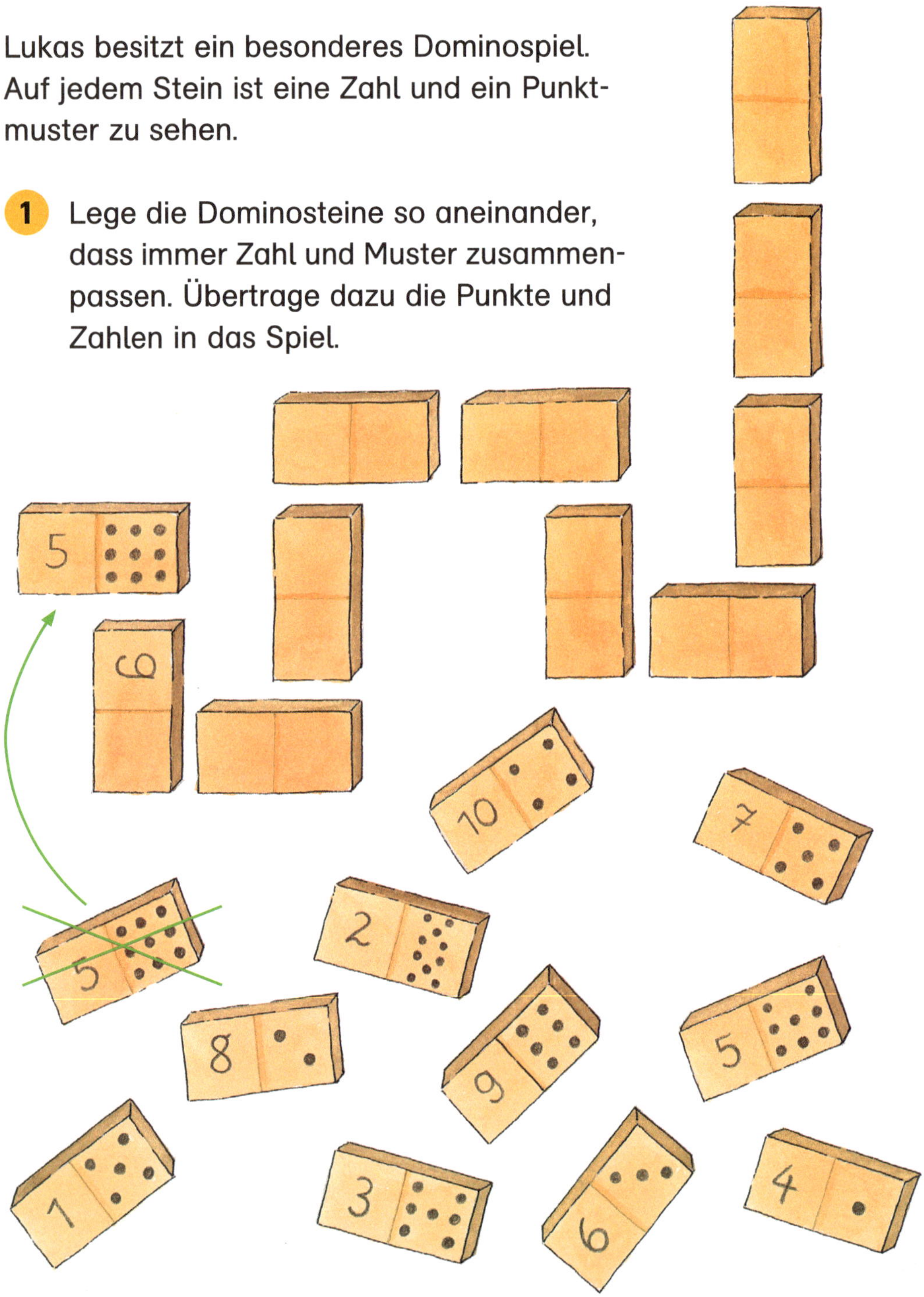

2 Schreibe unter jeden Dominostein die passende Aufgabe.

Für Könner!

3 Welche Rechnung von Aufgabe 2 gehört in welches Haus?

Zahlen sind überall!

1 Zahlen findest du auf vielen Dingen. Kannst du hier die fehlenden Zahlen eintragen?

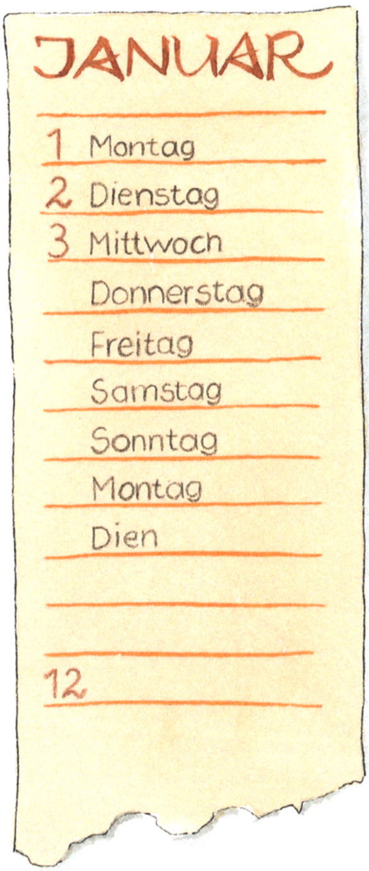

3.1
M
%
+
7
6
1
2
0
ON
=
0
1
10
20
BCE ECB EZB EKT EKP 2002
EURO
BCE ECB EZB EKT EKP 2002
EURO
BCE ECB EZB EKT EKP 2002
EURO
EURO CENT
EURO CENT
EURO CENT
EURO CENT
EURO

Beim Skilaufen

1 Beim Kinder-Skirennen erhält das kleinste Kind die Startnummer 1, das nächstgrößere die 2 und so weiter. Kannst du die Startnummern richtig eintragen?

2 Im Schnee stecken Skier, die unterschiedlich lang herausschauen. Vergleiche sie. Welche Zeichen musst du setzen?

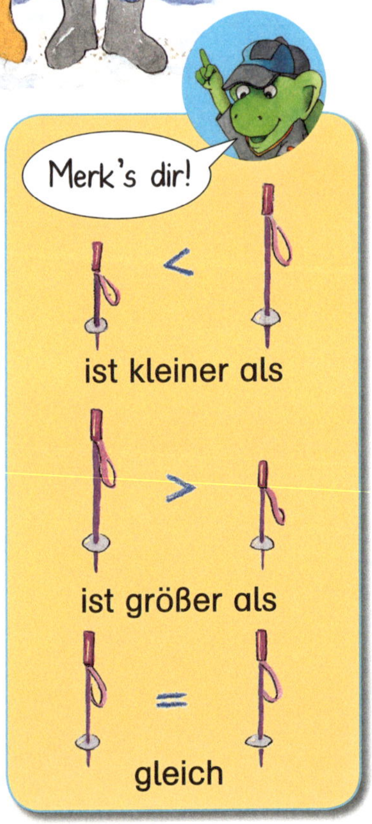

Für Könner!

3 Jetzt kannst du bestimmt auch zwischen diese Zahlen die richtigen Zeichen setzen!

4	<	7	18		5
6		3	12		17
2		9	13		13

4 Am Skilift hat sich eine lange Schlange gebildet. An welcher Stelle stehen diese Kinder?

5.

Komm, zähl mit!

1 Hier sind Plusaufgaben versteckt.

4 + 2 = ____

3 + ____ = ____

____ + ____ = ____

Plus bedeutet dazutun:

4 + 2 = 6
Sprich:
4 plus 2 gleich 6.

2 Erfinde eine Rechengeschichte, und zeichne sie.

4 + 3 = ____

3 Findest du Minusaufgaben?

7 – 3 = ____

Minus bedeutet wegnehmen:

7 – 3 = 4

Sprich: 7 minus 3 gleich 4.

8 – ____ = ____

____ – ____ = ____

4 Zeichne eine Rechengeschichte mit Minus.
Streiche durch, was weggenommen wird.

6 – 3 = ____

Hier piept es!

1 Die Zugvögel versammeln sich zu ihrem Flug in den Süden. Male alle Vögel, die nach links ← schauen blau, die nach rechts → schauen grün an.

2 Zähle nun, wie viele blaue und wie viele grüne Vögel auf jedem Ast sitzen. Schreibe die passende Rechnung hier auf.

4 + 3 = ____	oder	3 + 4 = ____
____ + ____ = ____		____ + ____ = ____
____ + ____ = ____		____ + ____ = ____

Für Könner!

3 Wie viele blaue und wie viele grüne Vögel sind es insgesamt?

Es sind _____ blaue und _____ grüne Vögel.

4 Wie viele Küken müssen noch ausschlüpfen?
Schreibe die Aufgabe dazu, und rechne.

5 – 2 = ___

8 – ___ = ___

___ – ___ = ___

5 Rechne die Aufgaben, und male die Felder
in der richtigen Farbe an.

Schulfest

Morgen findet das große Schulfest statt.
Die Vorbereitungen sind in vollem Gange.

1 Die Laternen müssen noch in der richtigen Reihenfolge aufgehängt werden. Zeichne Verbindungslinien.

2 Die Theaterkarten sind auch noch nicht fertig.
Kannst du die fehlenden Zahlen ergänzen?

3 Lisa probiert die Geschicklichkeitsbahn.
Sie springt in Zweierschritten von Stein
zu Stein. Färbe diese Steine orange.

4 Jan macht immer Dreierschritte. Er beginnt bei 3.
Auf welche Steine springt er?

Für Könner!

5 Jetzt springen die Kinder von 20 wieder
zurück. Auf welchen Steinen landen sie?

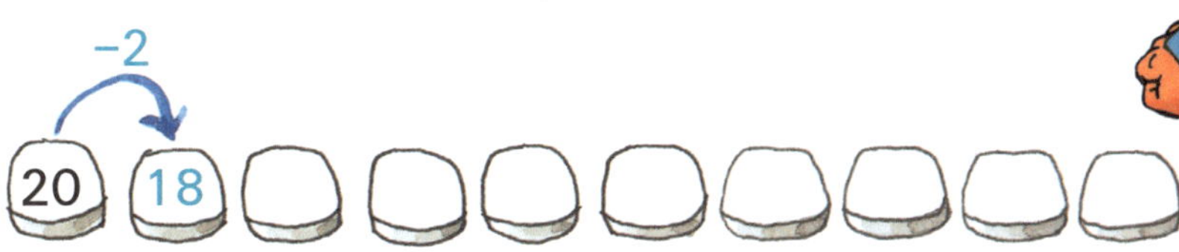

Lisa

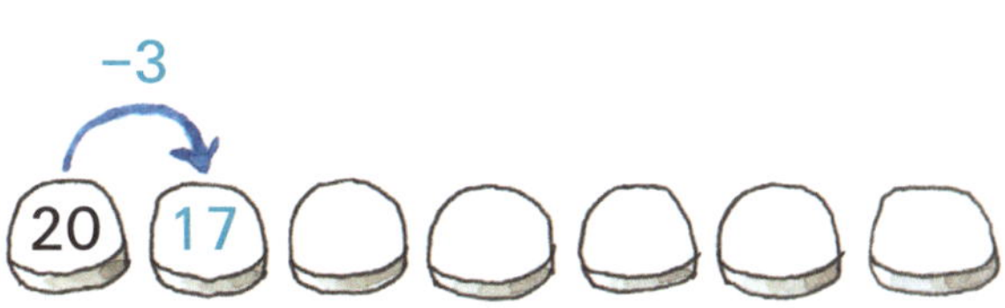

Jan

Kleine Geschenke

Opa Hans hat jedem seiner Enkelkinder eine Tüte Bonbons mitgebracht. Die Kinder wollen wissen, wie viele Bonbons in jeder Tüte sind.

Zweistellige Zahlen setzen sich aus Zehnern und Einern zusammen.

Z	E
1	3

10 + 3 = 13

1 Umkreise immer 10 Bonbons, und trage das Ergebnis in die Tabelle ein.

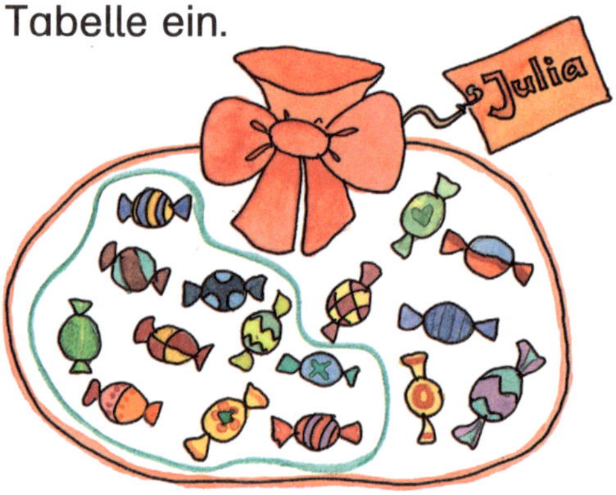

Z	E
1	6

10 + 6 = ____

Z	E

____ + ____ = ____

Z	E

____ + ____ = ____

2 Wer hat die meisten Bonbons? ____________

3 Jedes Kind bekommt von Opa auch noch ein Plüschtier geschenkt. Willst du sehen, welches Tier es ist? Rechne die Aufgaben, und male unten die Lösungsfelder grün an.

$10 + 3 = \square$	$10 + \square = 16$
$10 + 8 = \square$	$10 + \square = 14$
$10 + 2 = \square$	$10 + \square = 20$
$19 - \square = 10$	
$17 - \square = 10$	
$12 - \square = 10$	

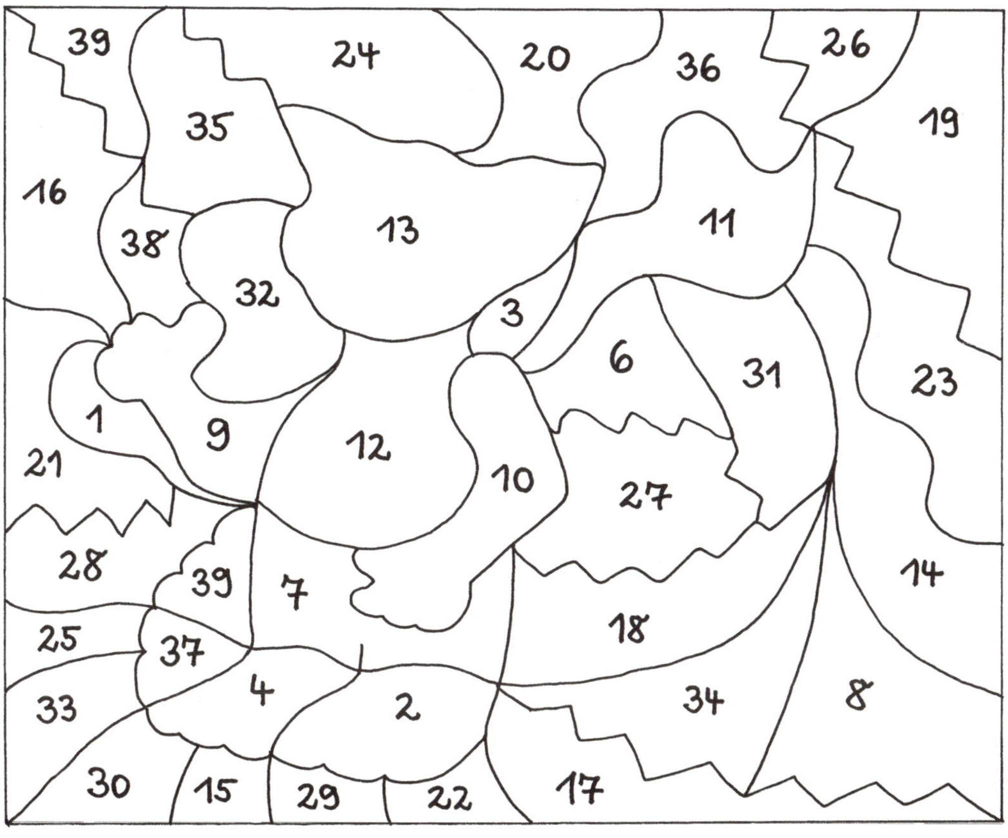

Wir beladen Schiffe

1 Löse die Aufgaben in den Kisten. Rechne immer erst die untere Aufgabe.

Denke an die einfachere Aufgabe:

14 + 3 = 17
4 + 3 = 7

18 − 5 = 13
8 − 5 = 3

13 + 5 = 18
3 + 5 = 8

14 + 3 = ___
4 + ___ = ___

12 + 7 = ___
___ + ___ = ___

19 − 6 = ___
9 − 6 = 3

16 − 4 = ___
6 − ___ = ___

17 − 2 = ___
___ − ___ = ___

2 Löse die Aufgaben. Ergänze in jedem Fass die untere Aufgabe.

11 + 1 = ___
12 + 2 = ___
13 + 3 = ___
___ + ___ = ___

18 − 6 = ___
17 − 5 = ___
16 − 4 = ___
___ − ___ = ___

Für Könner!

3 Mit welchen Kisten werden die Schiffe beladen? Rechne die Aufgaben aus, dann weißt du es. Male die Kisten in der Farbe des richtigen Schiffes an.

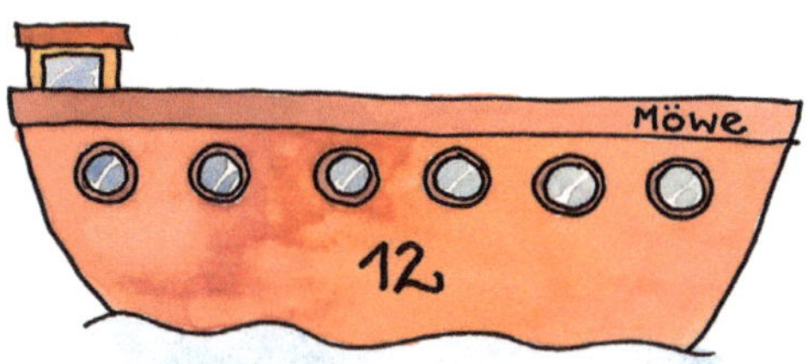

4 Zwei Kisten bleiben übrig. Welche?

Oh, diese Zwillinge!

Anna und Maria sind Zwillinge. Sie brauchen alle Sachen doppelt.

1 Zeichne immer das Doppelte, und schreibe die Anzahlen dazu.

		das Doppelte	
		4	8
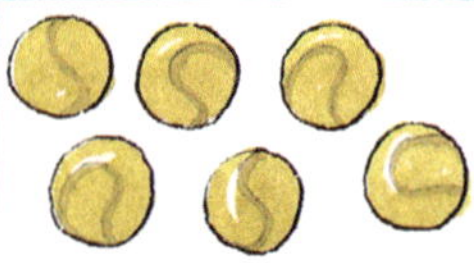		6	

2 Löse die Aufgaben. Verbinde die Punkte in der Reihenfolge der Ergebnisse. Was siehst du?

1 + 1 = ____

2 + 2 = ____

3 + 3 = ____

4 + 4 = ____

5 + 5 = ____

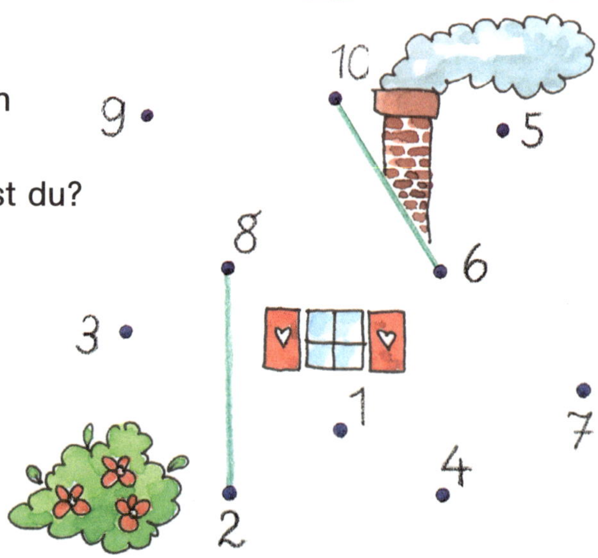

3 Anna und Maria wollen eine Tafel Schokolade gerecht teilen. Wie viele Stücke erhält jedes Kind?

Gerade Zahlen wie 2, 4, 6 … kann man halbieren.

16 = 8 + ____

4 Halbiere auch diese Schokoladentafeln.
Teile die beiden Hälften durch eine rote Linie, und schreibe die passende Aufgabe dazu.

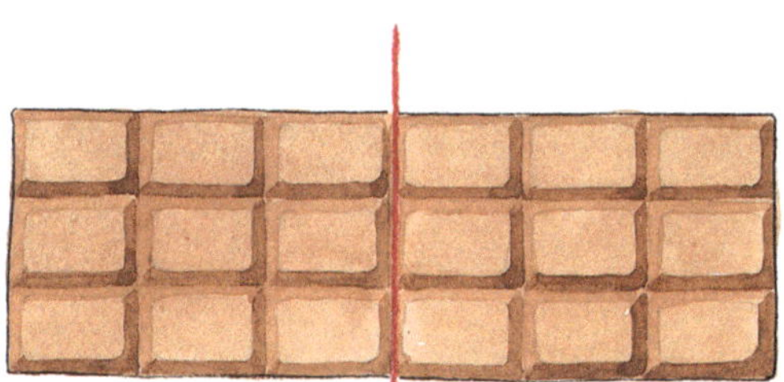

18 = ____ + ____

_____ = ____ + ____

_____ = ____ + ____

Autos, Autos, Autos ...

Für Könner! **1** Kannst du die Autos 1 bis 20 der Reihe nach so miteinander verbinden, dass sich die Linien nicht schneiden? Verwende einen Bleistift zum Zeichnen.

2 Trage die Zahlen aus den roten und blauen Autos der Reihe nach hier ein.

 gerade Zahlen	2	4								
 ungerade Zahlen	1									

Gerade Zahlen:
8 = 4 + 4
Ungerade Zahlen:
9 = 4 + 5

3 Färbe alle geraden Zahlen mit  und alle ungeraden Zahlen mit . Was erhältst du?

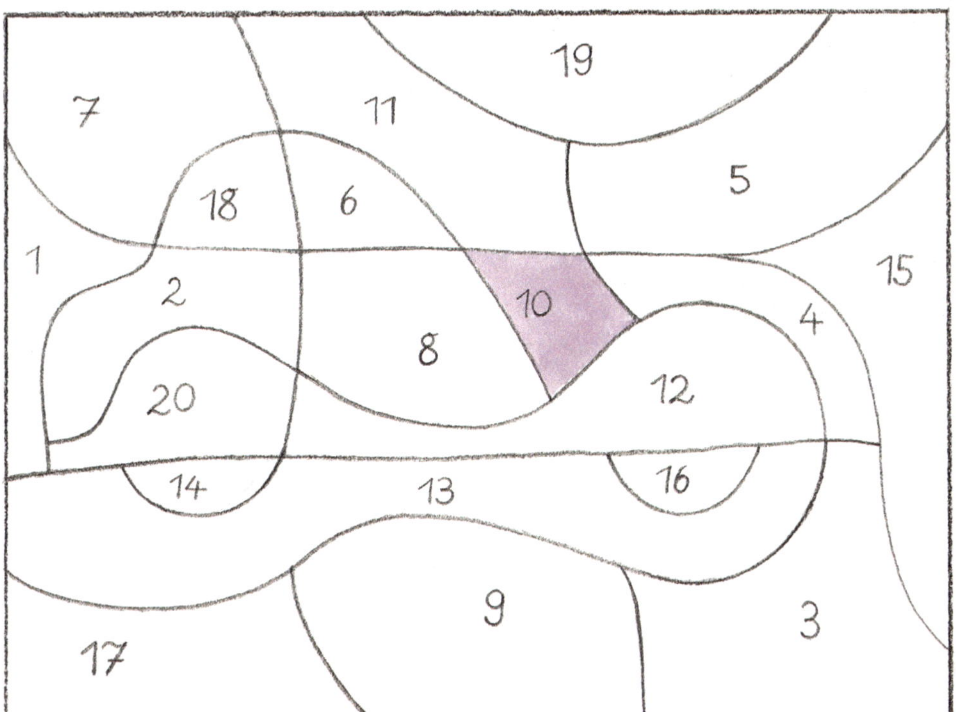

Bunte Blumenbeete

1 Jonas will in jede Reihe zehn Blumen pflanzen. Einige hat er schon eingegraben. Male die fehlenden Blumen dazu, und schreibe die Rechnung auf.

7 + 3 = 10

4 + ___ = 10

___ + ___ = 10

___ + ___ = 10

2 Wie viele Blumen sind es insgesamt?

3 Jonas schmückt das Blumenbeet mit kleinen Windmühlen. Kannst du die Zahlen in den Flügeln ergänzen? Male zum Schluss alles bunt an.

Merk's dir!

Rechne so:

(8) = 5 + 3

Im Supermarkt

Frau Meier ist Verkäuferin im Supermarkt Billy.
Heute stellt sie Dosen in ein Regal.

1 Wie viele Dosen hat sie schon eingeräumt?

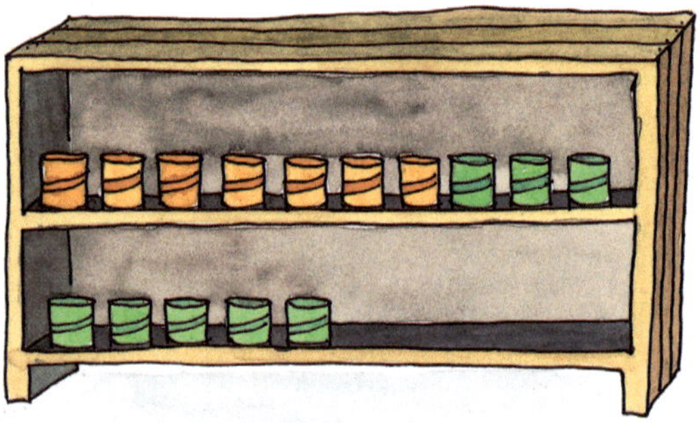

Merk's dir!

Rechne immer erst bis 10.

7 + 8 = ____

7 + 3 + 5 = ____

(7 + 3 = 10)

2 Kannst du auch hier die Dosenanzahl ausrechnen?

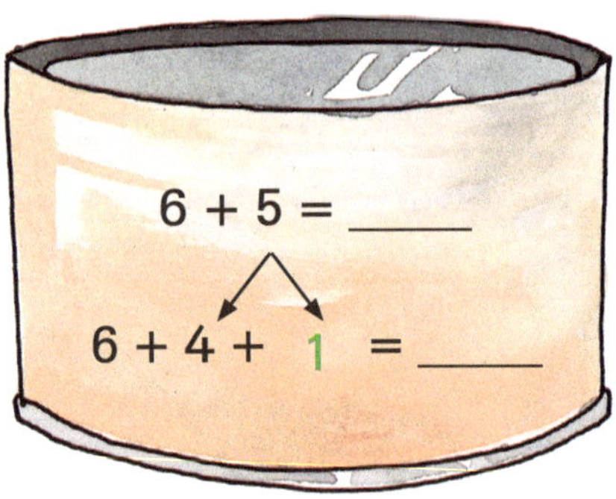

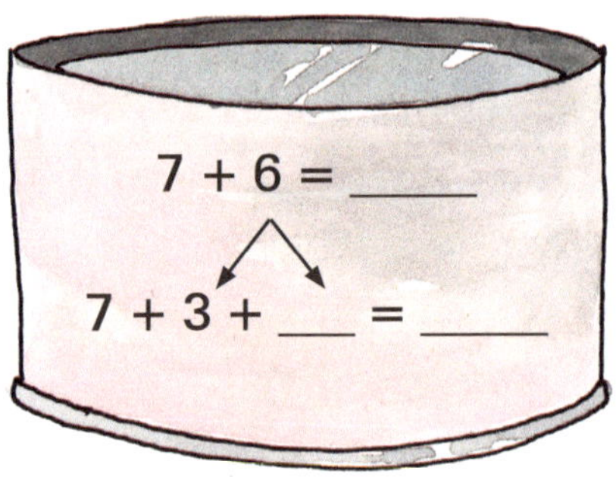

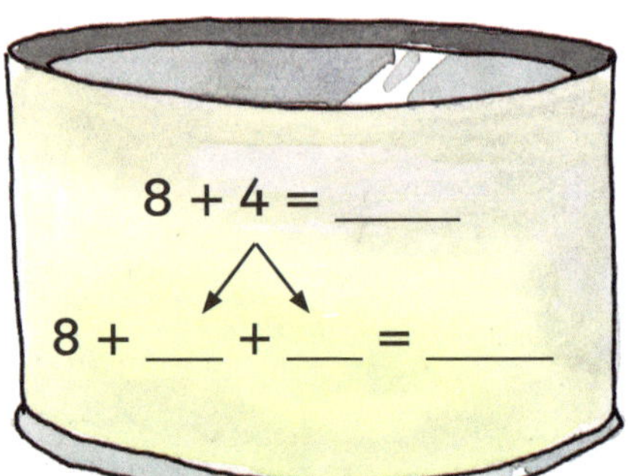

3 Am Obststand hat sich Lena 8 Äpfel genommen. Wie viele Äpfel bleiben übrig?

Rechne so:

15 – 8 = ____

15 – 5 – 3 = ____

(15 – 5 = 10)

4 Rechne diese Aufgaben ebenso!

14 – 6 = ____

14 – 4 – 2 = ____

12 – 8 = ____

12 – 2 – ___ = ____

16 – 9 = ____

16 – ___ – ___ = ____

13 – 7 = ____

13 – ___ – ___ = ____

Reiselust

1 Die Drachenfamilie will verreisen. Die Koffer sind schon gepackt. Wenn du wissen willst, wohin die Reise geht, rechne die Aufgaben aus.

I

8 + 5 = ___

8 + 2 + 3 = ___

(8 + 2 = 10)

S

16 − 9 = ___

16 − 6 − 3 = ___

(16 − 6 = 10)

A

9 + 7 = ___

9 + 1 + ___ = ___

U

6 + 8 = ___

6 + 4 + ___ = ___

T

7 + 5 = ___

7 + ___ + ___ = ___

N

14 − 8 = ___

14 − 4 − ___ = ___

L

13 − 5 = ___

13 − 3 − ___ = ___

B

11 − 7 = ___

11 − ___ − ___ = ___

2 Ordne die Buchstaben an den Koffern den Ergebnissen zu. Nun weißt du, wohin die Reise geht.

13	7	12	16	6	4	14	8

3 So ein Durcheinander. Wem gehört wohl welches Gepäckstück? Verbinde mit Linien.

Diese Hausaufgaben!

Tim hat Hausaufgaben. Justus zeigt ihm, wie er mit einer Umkehraufgabe prüfen kann, ob er richtig gerechnet hat.

Aufgabe: $\boxed{7} + 8 = 15$

Umkehraufgabe: $15 - 8 = \boxed{7}$

Wenn du richtig gerechnet hast, stimmen die Zahlen in den Kästchen überein.

1 Rechne zu jeder Aufgabe auch die Umkehraufgabe.

$\boxed{5} + 6 = 11$

$11 - 6 = \boxed{}$

$\boxed{13} - 7 = 6$

$6 + 7 = \boxed{}$

$\boxed{9} + 4 =$ ____

____ $- 4 = \boxed{}$

$\boxed{12} - 5 =$ ____

____ $+ 5 = \boxed{}$

$\boxed{8} + 5 =$ ____

____ $-$ ____ $= \boxed{}$

$\boxed{16} - 9 =$ ____

____ $+$ ____ $= \boxed{16}$

2 Bei den nächsten Aufgaben rechnet Tim mit einem Trick! Kannst du das auch?

7 + 6 = 13 ← (− 1)	12 − 5 = ___ ← (+ 1)
7 + 7 = 14	**12 − 6 = 6**
7 + 8 = ___ ← (+ 1)	12 − 7 = ___ ← (− 1)

3 Rechne immer zuerst die Aufgabe in der Mitte.

8 + 7 = ___
7 + 8 = ___
8 + 8 = ___
8 + 9 = ___
9 + 8 = ___

14 − 6 = ___
13 − 7 = ___
14 − 7 = ___
14 − 8 = ___
15 − 7 = ___

Im Zirkus

Die Elefantenfamilie marschiert in das Zirkuszelt.

1 Wer hat recht? Emily und Anton?

2 Was fehlt in den leeren Feldern?

2 + 5 = ☐	5 + 7 = ☐
5 + 2 = ☐	7 + 5 = ☐
4 + 9 = ☐	6 + 8 = ☐
9 + __ = ☐	8 + __ = ☐
1 + 4 = ☐	7 + 9 = ☐
__ + __ = ☐	__ + __ = ☐

Bei Plusaufgaben kannst du die beiden Zahlen vertauschen.
3 + 4 = 4 + 3

3 Hin und zurück, das ist gar nicht so schwer!

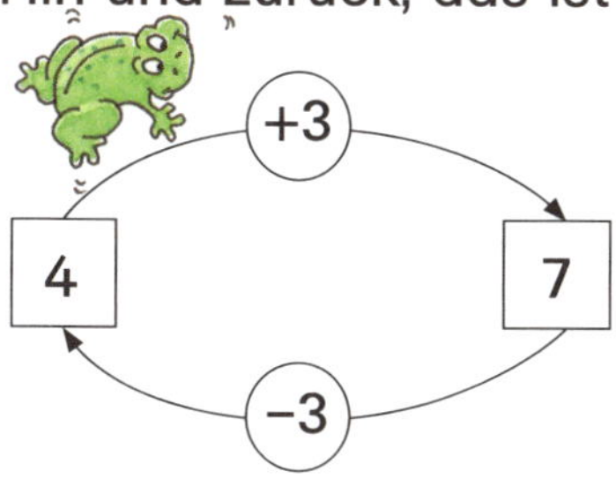

Aufgabe: 4 + 3 = 7
Umkehraufgabe: 7 − 3 = 4

Rechne zu jeder Aufgabe auch die Umkehraufgabe.

6 + 5 = 11 | 6 + 8 = ___ | 9 + 3 = ___
11 − 5 = ___ | ___ − 8 = ___ | ___ − ___ = ___

20 − 6 = ___ | 15 − 8 = ___ | 12 − 5 = ___
___ + 6 = ___ | ___ + 8 = ___ | ___ + ___ = ___

Für Könner!

4 Der Clown jongliert mit 3 Bällen. Er macht daraus immer 4 Aufgaben. Kannst du das auch?

!

7 + 5 = ___ | 8 + ___
5 + 7 = ___ | ___

12 − 5 = ___ | ___
12 − 7 = ___ | ___

Heute wird gespielt!

Dosenwerfen macht Spaß. Leider fehlen auf einigen Dosen die Punktzahlen. Kannst du sie herausfinden?

1 Zähle immer nebeneinanderstehende Zahlen zusammen, und schreibe das Ergebnis auf die Dose darüber.

Für Könner!

2 Hoppla, die Dosen sind umgefallen. Stelle sie wieder richtig auf. Schreibe dazu die Zahlen auf die leeren Dosen.

3 Füttere die Kugelbahn nacheinander mit den Kugeln. Mit welchem Ergebnis kommt jede Kugel unten an? Schreibe es in die passende Kugel.

Lauter Schilder!

Lukas und Lisa haben sich ein Spiel ausgedacht. Sie zählen die Ziffern von Autokennzeichen zusammen.

Bei dem Nummernschild

rechnen sie: 3 + 9 + 2 = 14

1 Welche Ergebnisse erhalten sie bei diesen Kennzeichen?

2 + 7 + 5 = ____

____ + ____ + ____ = ____

____ + ____ + ____ = ____

____ + ____ + ____ = ____

____ + ____ + ____ = ____

____ + ____ + ____ = ____

2 Lisa stellt Lukas Rechenaufgaben, aus denen er das Kennzeichen erraten soll. Ergänze die Zahlen, und schreibe die Autonummern auf.

2 + 3 + [7] = 12

4 + [ ] + 8 = 16

[ ] + 7 + 5 = 20

3 + 5 + [ ] = 14

3 *Für Könner!*

! Hier sollen die Zahlen in den Reihen → und Spalten ↓ zusammengezählt werden. Das Ergebnis ist immer die Zahl, die auf dem Lastwagen steht.

Rechne so:

2 + [7] + 6 = 15

Besuch im Zirkus

Mark und Lara wollen in den Zirkus gehen. Sie leeren dazu ihre Spardosen.

1 Wie viel Euro (€) hat jedes Kind gespart?

Mark hat _____ € gespart.

Lara hat _____ € gespart.

An der Kasse hängt eine Preisliste.

2 Mark kauft sich eine Eintrittskarte und eine Tüte Popcorn. Was muss er bezahlen?

Rechnung: _____ € + _____ € = _____ €

Mark muss _____ € bezahlen.

3 Lara hat 18 € in ihrer Geldbörse. Sie kauft nur eine Eintrittskarte. Wie viel Euro hat sie übrig?

Rechnung: _____ € – _____ € = _____ €

Lara hat _____ € übrig.

Für Könner!

4 Bilde weitere Aufgaben mit den Angaben auf der Preistafel. Rechne in deinem Heft.

Wie spät ist es?

1 Beim Ablesen von Uhrzeiten gibt es zwei Möglichkeiten, am Tag oder nachts. Schreibe die richtigen Zahlen in die Uhr.

Ein Tag hat 24 Stunden.
Dabei beginnt der Tag um 0 Uhr und endet um 24 Uhr.

2 Wie viel Uhr ist es jeweils?

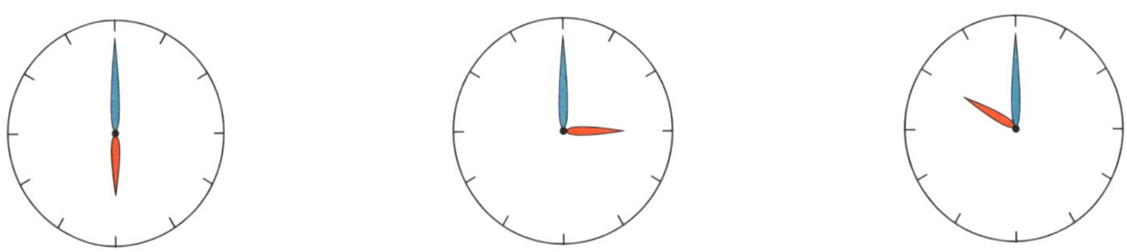

6 Uhr	___ Uhr	___ Uhr
___ Uhr	___ Uhr	___ Uhr

3 Was macht Struppi nur den ganzen Tag?
Schreibe die Uhrzeiten neben die Bilder.

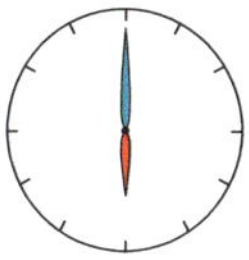

____ Uhr

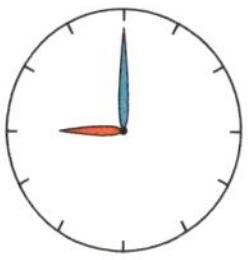

____ Uhr

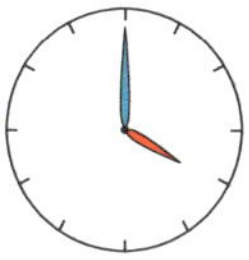

____ Uhr

____ Uhr

4 Und wie sieht der Tag von Ole und Nele aus?
Schreibe wieder die Uhrzeiten neben die Bilder.

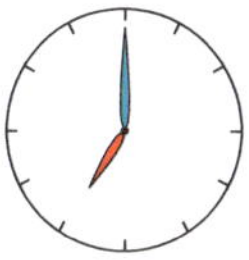

____ Uhr

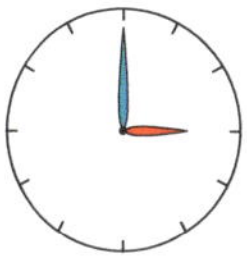

____ Uhr

____ Uhr

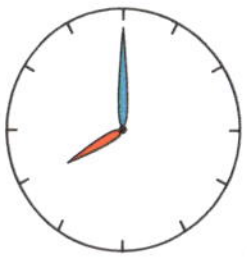

____ Uhr

Geburtstagsfeier

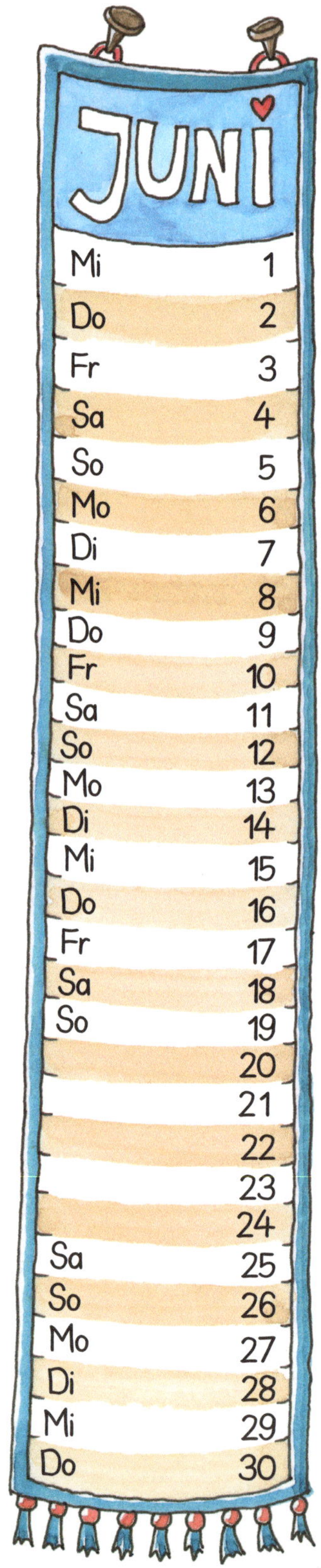

1 Nina hat am 21. Juni Geburtstag.

a) Kreuze den Geburtstag im Kalender an.

b) Welcher Wochentag ist der 21. Juni?

c) Ali hat drei Tage nach Nina Geburtstag. Welcher Wochentag ist das?

d) Färbe alle Sonntage rot.

e) Wann hast du Geburtstag?

____

Zur Geburtstagsfeier gibt es Schaumküsse und Speckmäuse.

2 Von 20 Schaumküssen wurden schon 12 aufgegessen. Wie viele sind noch übrig?

Rechnung: ___ ◯ ___ = ___

Es sind noch ___ Schaumküsse übrig.

3 Es liegen 8 weiße und 6 rosa Speckmäuse auf dem Teller. Wie viele sind es insgesamt?

Rechnung: ___ ◯ ___ = ___

Auf dem Teller liegen ___ Speckmäuse.

4 Am Wochenende geht Nina mit ihrer Mutter und ihrem Bruder in den Zoo. Was muss Ninas Mutter an der Kasse bezahlen?

___ € + ___ € + ___ € = ___ €

Ninas Mutter muss ___ € bezahlen.

Für Könner!

5 Zeichne verschiedene Möglichkeiten, wie die Mutter 16 € mit diesen Scheinen und Münzen bezahlen kann.

!

Badespaß

Frau Berger geht mit ihrer Klasse ins Schwimmbad.

Merk's dir!

Achte auf **Signalwörter**!

(+) dazu, mehr, insgesamt

(−) weg, weniger, hinaus

1 In der 1b sind 11 Mädchen und 9 Jungen. Wie viele Kinder sind in der Klasse?

11 (+) ______ = ______

Es sind ______ Kinder in der Klasse.

2 Im Schwimmbecken sind 12 Kinder. 4 Kinder gehen hinaus.

______ ◯ ______ = ______

______ Kinder sind noch im Schwimmbecken.

3 Von 20 Kindern haben nur 3 eine Badekappe auf.

______ ◯ ______ = ______

______ Kinder haben keine Badekappe auf.

Für Könner!

4 8 Kinder baden, 3 Kinder sind auf der Rutsche und 2 Kinder ziehen sich um. Wie viele Kinder sind das insgesamt?

____

Es sind ______ Kinder.

5 Wie spät ist es am Nachmittag?

Es ist ________ Uhr.

Für Könner!

6 Das Schwimmbad schließt um 19 Uhr. Wie lange können die Besucher noch bleiben?

Sie können noch

_____ Stunden bleiben.

Super!

Spiegelbilder

1 Hier stimmt etwas nicht! Es haben sich 8 Fehler in das Spiegelbild eingeschlichen. Findest du sie?

2 Zeichne die fehlenden Teile ins Spiegelbild, und berichtige die falschen. Überprüfe mit einem Spiegel, ob du alles richtig gemacht hast.

3 Es ist immer nur eine Hälfte des Bildes gezeichnet. Ergänze die fehlenden Hälften. Achte auf die Kästchen.

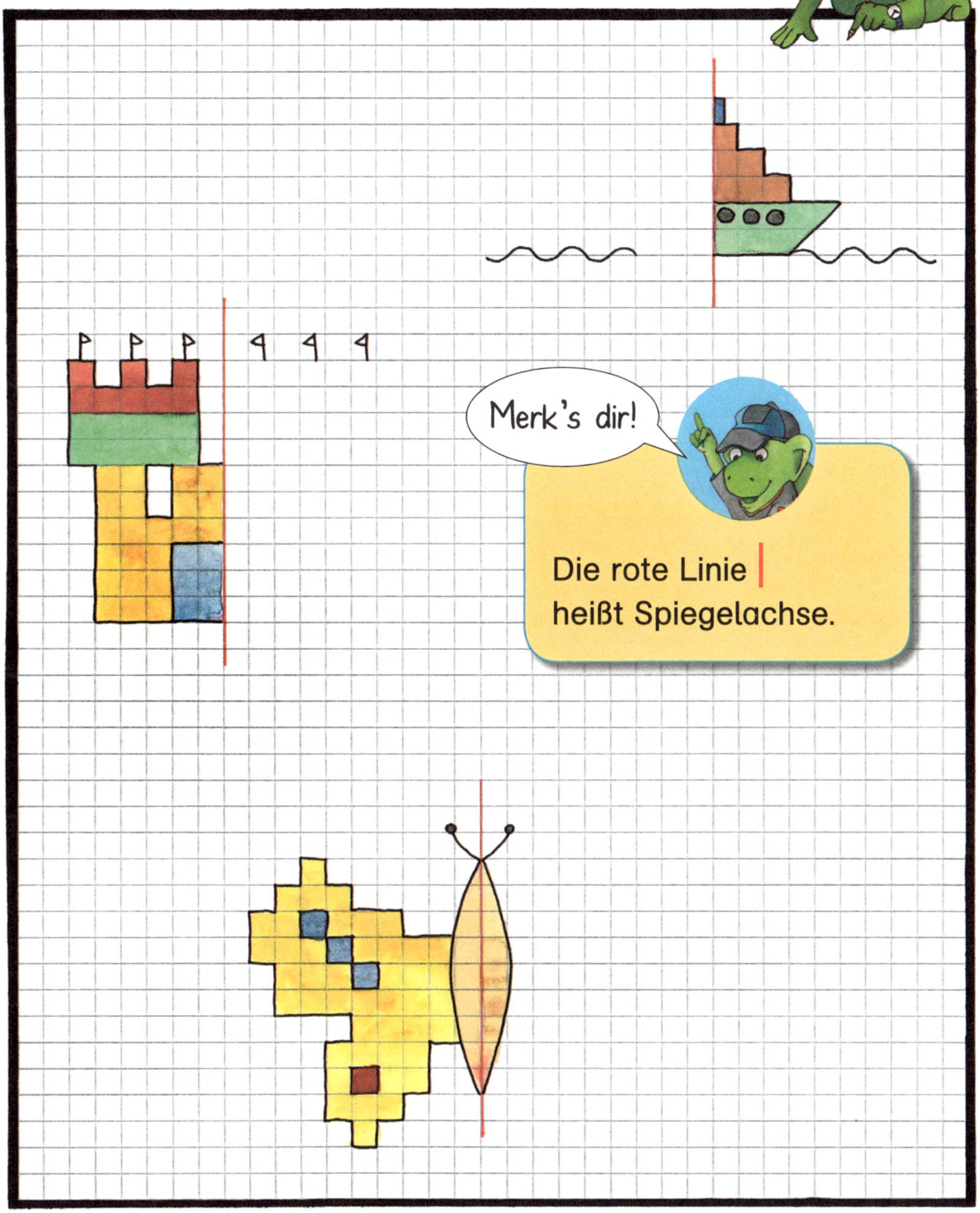

Merk's dir!

Die rote Linie | heißt Spiegelachse.

Moderne Kunst

Lisa hat ein ungewöhnliches Bild gezeichnet.

1 Suche im Bild diese Formen , und male sie in den angegebenen Farben an.

2 Wie viele dieser Formen kannst du im Bild entdecken?

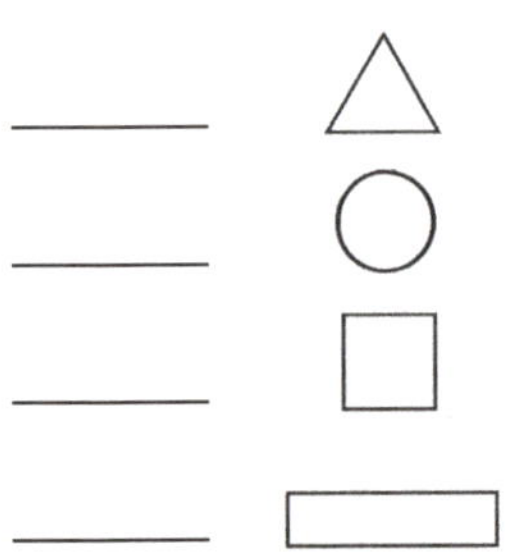

Für Könner!

3 Weißt du, wie sie heißen? Ordne zu.

Quadrat
Dreieck
Kreis
Rechteck

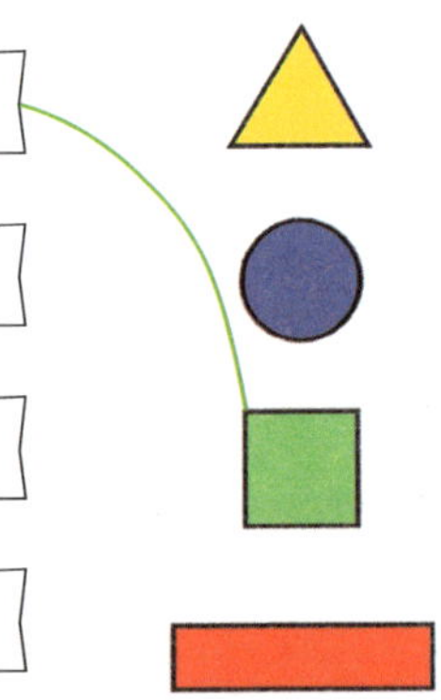

4 Für den Fußboden hat sich Lisa schöne Muster ausgedacht. Leider ist sie nicht fertig geworden. Kannst du ihr helfen?

Für Könner!

5 Denke dir selbst ein regelmäßiges Muster aus.

Große Pause!

Der Pausenhof wurde neu renoviert. Luisa und Tobi stürmen hinaus, um die neuen Spiele auszuprobieren.

1 Luisa schwingt sich aufs Klettergerüst. Welche Aufgaben gehören zusammen? Verbinde sie.

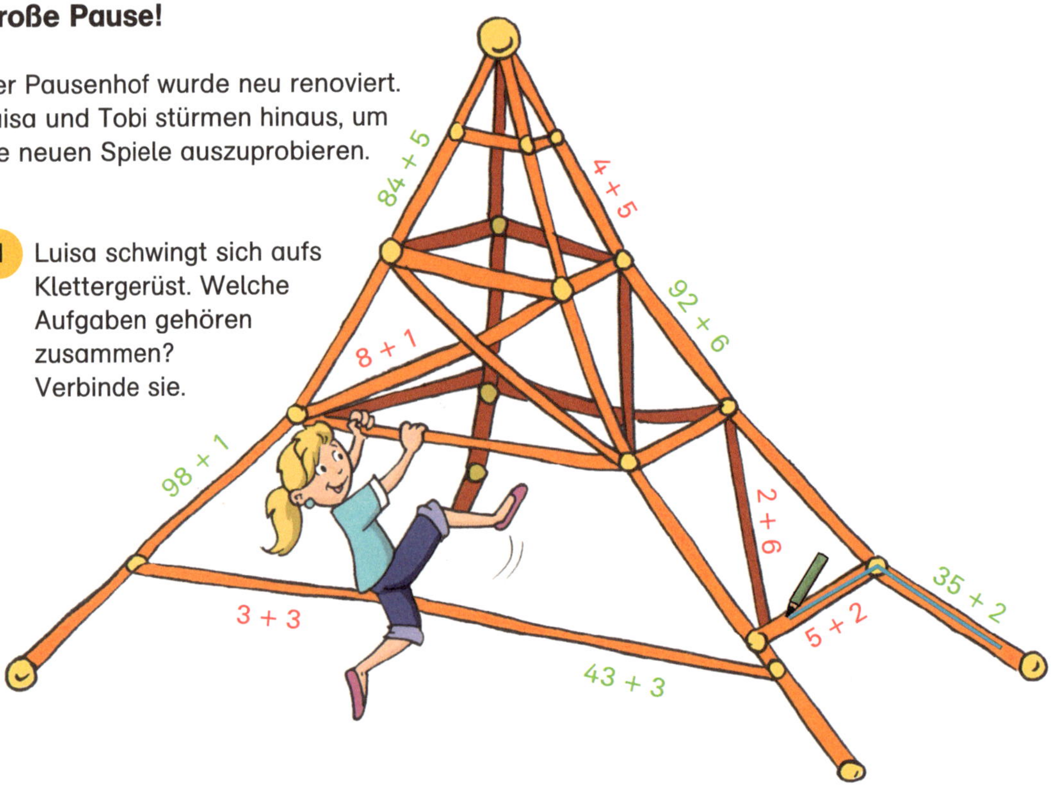

2 Suche mit Tobi immer die verwandte Aufgabe.

3 Die Schule bekommt neue Farbe. Hilf mit beim Malen! Verwende den richtigen Topf.

Zu jeder großen Aufgabe gibt es eine passende kleine Aufgabe:

74 + 2 = 76
4 + 2 = 6

Die kleine Aufgabe hilft dir, die große zu lösen. Weil sich die beiden Aufgaben sehr ähnlich sind, nennt man sie auch **verwandte Aufgaben**.

4 Wie viel musst du abziehen?

88 – _____ = 80

88 – _____ = 86

88 – _____ = 81

88 – _____ = 87

88 – _____ = 83

Die Gespenster-Disko

Im alten Schlosskeller treffen sich große und kleine Gespenster.
Es wird wild getanzt und kräftig mit den Ketten gerasselt!

1 Gespenster stellen gerne Rätsel. Welches Gespenst ist das älteste? Gib dem ältesten Gespenst noch ein Glas grünen Spinnensaft!

Zu jeder **Plusaufgabe** gibt es eine passende **Minusaufgabe**. Diese Aufgabe heißt **Umkehraufgabe**.

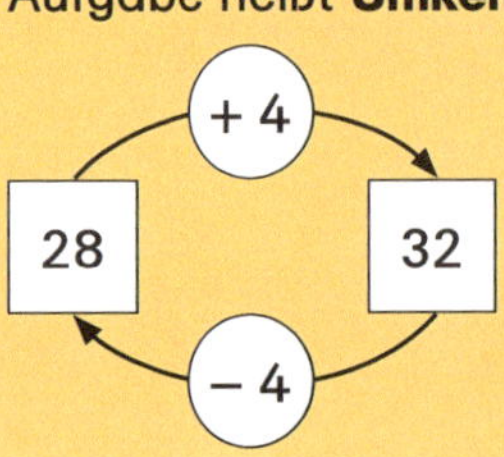

2 Verbinde mit der passenden Umkehraufgabe!

37 + 5	23 – 5
69 + 8	42 – 5
55 + 8	54 – 8
46 + 8	63 – 8
18 + 5	77 – 8

3 Bei den Kerzen gibt es zu jeder Plusaufgabe die passende Minusaufgabe. Male die Paare in derselben Farbe an.

4 Ein Gespenst hat aus den Rechenfenstern Zahlen stibitzt. Bringst du alles wieder in Ordnung?

a) +6

25	31
	72
88	
	45
47	
	100

b) −9

	15
73	
	58
56	
	0
100	

5 Zeichne die Aufgabe und Umkehraufgabe in den Zahlenstrahl ein. Lizzy zeigt dir, wie das geht!

14 + 7 = ______

36 + 10 = ______

89 + 5 = ______

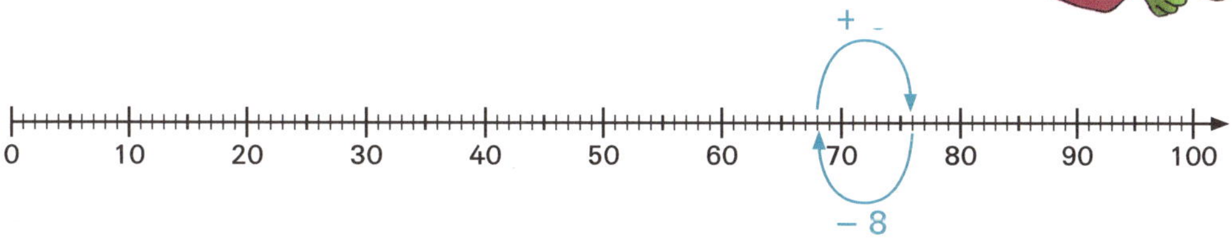

Auf dem Weihnachtsmarkt

Der Weihnachtsmarkt hat begonnen. Es duftet lecker nach Punsch und Lebkuchen, und an den geschmückten Ständen gibt es viel zu kaufen.

1 Löse die Aufgaben in den Häuschen.

2 Welche Lebkuchen gehören zusammen? Verbinde.
Achtung, zwei Aufgaben können dasselbe Ergebnis haben.

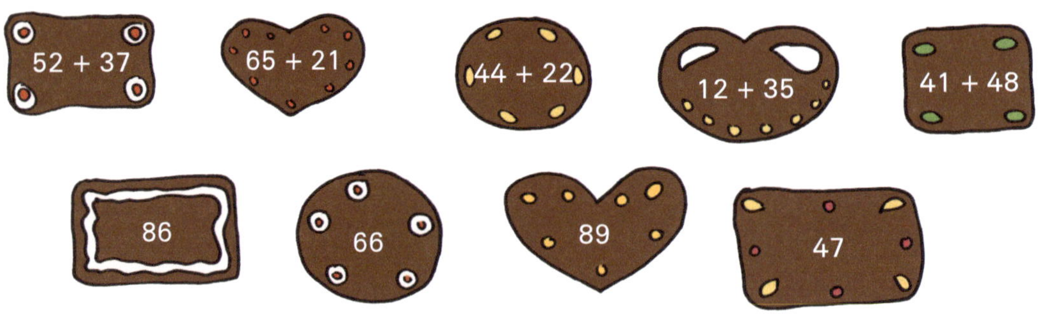

3 Lizzy packt Zahlenpakete. Hilfst du ihr dabei?

36 + 42 = ____
36 + 40 = ____
____ + 2 = ____

73 + 24 = ____
73 + ____ = ____
____ + ____ = ____

12 + 57 = ____
____ + ____ = ____
____ + ____ = ____

4 „Uiii, so ein schöner Sternenhimmel!“, ruft Anni. „Ich habe schon die Aufgaben entdeckt. Du auch?“

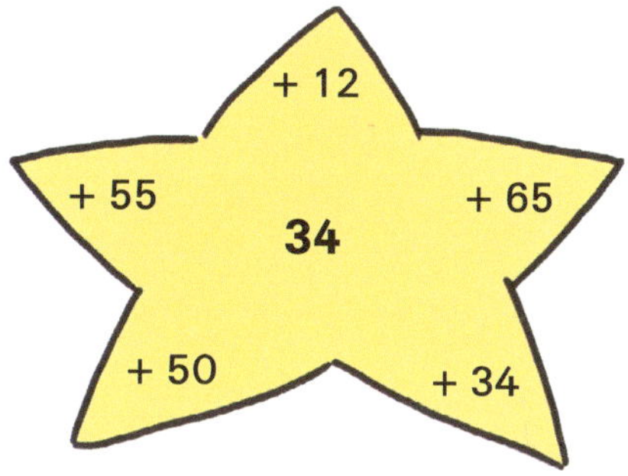

34 + 12 = ______ ______

______ ______

______

Beim Addieren (Zusammenzählen) rechnest du zuerst die **Zehner** und dann die **Einer** dazu. Beispiel:

35 + **12** = ?

35 + **10** = 45
45 + **2** = 47

5 Annis Tante kauft einmal Schoko-Pralinen, einen Kinderpunsch, einen Glitzerstern und ein Farben-Set. Versuche, geschickt zu rechnen!

Frage: ______

Rechnung: ______

Antwort: ______

Runas Räuberhütte

In der Hütte von Räubermädchen Runa herrscht ein fürchterliches Durcheinander! Jetzt wird aufgeräumt. Auch ihr kleiner Waschbär muss kräftig mit anpacken.

Beim Subtrahieren (Wegnehmen) ziehst du zuerst die **Zehner** und dann die **Einer** ab. So kommst du sicher zum richtigen Ergebnis:

55 – **24** = ?

55 – **20** = 35
35 – **4** = 31

1 Runa verjagt die Mäuse vom Dachboden. Aber zu spät, sie haben schon die Aufgaben angeknabbert.

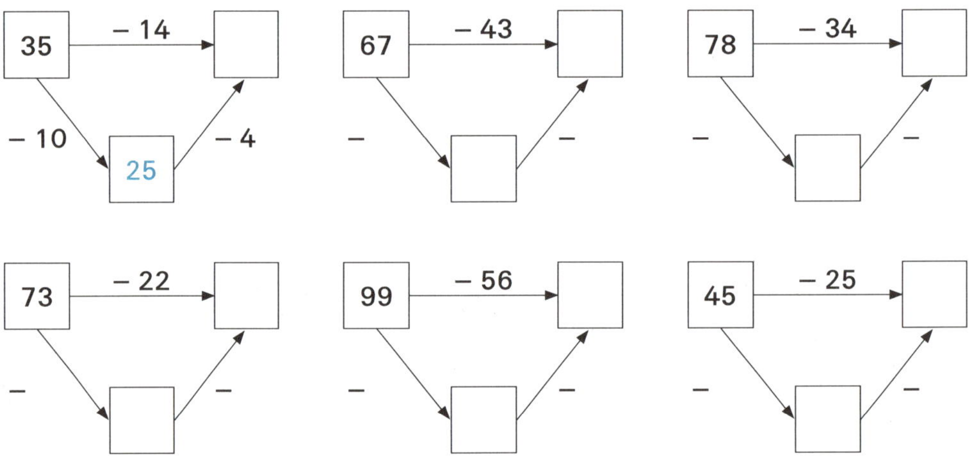

2 Der kleine Waschbär bringt Ordnung in Runas Süßigkeiten-Ecke: Alle alten Bonbons isst er einfach auf! Für Runa schreibt er diese Liste.

Bonbon-Kontroll-Liste

77 Kirschbonbons – 12 alte: 77 – 12 = ________

69 Zitronenbonbons – 25 alte: ________

98 Himbeerbonbons – 45 alte: ________

46 Pfefferminzbonbons – 14 alte: ________

100 Kamillebonbons – 1 altes: ________
(nur bei Husten!)

3 Nach 100 Bonbons bekommt der kleine Waschbär immer entsetzliche Bauchschmerzen. Wie sieht es diesmal aus? Rechne aus, wie viele alte Bonbons er gegessen hat.

Rechnung: ________________________________

Antwort: ________________________________

4 Runa sortiert ihre 4 Strumpfberge aus. Alle Strümpfe mit Löchern fliegen aus dem Fenster. Wie viele Strümpfe sind es insgesamt?

25 – ____ = 4 50 – ____ = 22

49 – ____ = 33 36 – ____ = 14

____ + ____ + ____ + ____ = ____

Auf zur großen Weltreise

Reiseplan:
Zuerst rechnest du die Aufgaben. Suche dann aus der Tabelle unten zu jeder Lösungszahl den passenden Buchstaben. Trage die Buchstaben in die Kästchen ein, und schon kennst du die Namen der Kinder!

A	C	E	G	I	K
87	70	91	53	26	100

N	O	S	U	R
75	34	42	65	18

Auch bei schwierigen Plusaufgaben gilt die Regel: Erst die **Zehner**, dann die **Einer** addieren.
So geht's:

37 + **24** = 61

37 + **20** = 57
57 + **4** = 61

5 Am Ende deiner Reise kommst du nach Amerika. Findest du auch den letzten Namen heraus?

37 + 38 = 30 + 30 + 7 + 8 = ____ ☐

8 + 18 = ______________ = ____ ☐

46 + 24 = ______________ = ____ ☐

78 + 22 = ______________ = ____ ☐

1 Die Weltreise beginnt in Europa! Zeichne dich links in das Feld, und schreibe deinen Namen auf.

____

2 In Asien begrüßt dich ein Mädchen! Ihr Name beginnt mit G.

39 → + 14 → ☐ ☐
39 → + 10 → ☐ → + 4 → ☐

28 → + 37 → ☐ ☐
28 → + → ☐ → + → ☐

17 → + 17 → ☐ ☐
17 → + → ☐ → + → ☐

3 Weiter nach Australien:

9 + 9 = ____ ☐

26 + 8 = ____ ☐

38 + 4 = ____ ☐

49 + 42 = ____ ☐

4 Willkommen in Afrika!

26 + 16 = 26 + 10 + 6 = ____ ☐

58 + 33 = ______________ = ____ ☐

17 + 25 = ______________ = ____ ☐

19 + 7 = ______________ = ____ ☐

Nur für Flug-Experten

Am Sonntag findet die große Flugvorführung statt. Eine Menge Menschen wollen die seltenen Flugobjekte beobachten.

Auch bei kniffligen Minusaufgaben gilt die Regel:
Erst die **Zehner**, dann die **Einer** subtrahieren:

62 – **14** = 48

62 – **10** = 52
52 – **4** = 48

1 Hurra, das Luftschiff hebt ab!
Mache die anderen Flugobjekte mit den richtigen Zahlen startklar.

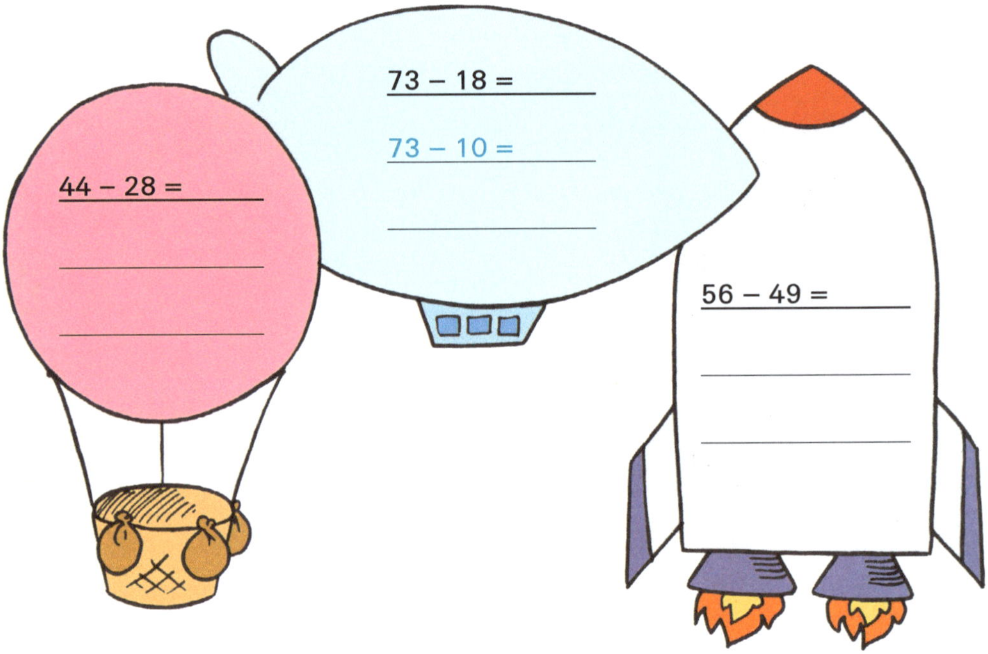

2 Welche Aufgaben haben sich hier versteckt?

 –  = 45 – 37 = 45 – 30 – 7 = ______

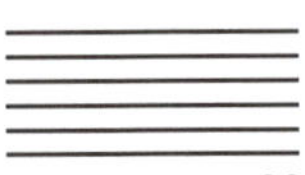 – 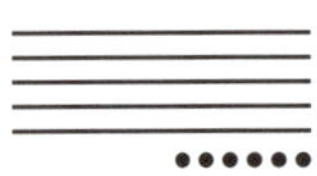 = ______ = ______ = ______

 – 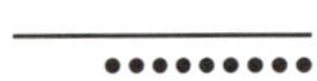 = ______ = ______ = ______

3 Hilfe, ein Hubschrauber hat die Ergebnisse durcheinander gebracht! Überprüfe sie. Streiche falsche Ergebnisse durch, und schreibe die richtige Lösung daneben.

92 – 57 = 25 ____	82 – 26 = 49 ____
36 – 28 = 7 ____	54 – 47 = 8 ____
85 – 36 = 56 ____	74 – 49 = 35 ____

Für Könner!

4 Vergleiche die Flughöhen von Hubschrauber und Luftballon und von Flugdrachen und Vogel. Berechne den Unterschied!

96 m – 28 m = ______ m

______

______

______

______

______

Besuch in der Bärenhöhle

Heute besucht der kleine Bär seine Freundin in ihrer Höhle. Es gibt Limonade und leckeres Bärenfutter. Hmm! Im Regal entdeckt der kleine Bär vier Spardosen.

1 Wie viel Geld ist in den Spardosen? Schreibe immer eine Plus- und eine Malaufgabe.

10 + 10 + 10 = ______ ct

3 · 10 = ______ ct

___ + ___ + ___ + ___ + ___ + ___ = ______ ct

___ · ___ = ______ ct

____

____

____

____

2 Die kleinen Bären verschönern die Höhle mit zwei Rechenschlangen. Hilf mit, die Zehner-Reihe und die Fünfer-Reihe einzutragen.

3 Wie viele Bärentatzen sind es? _______ Tatzen

Wie viele Zehen sind es? _______ Zehen

4 Übe mit den beiden an dieser Höhlenwand!

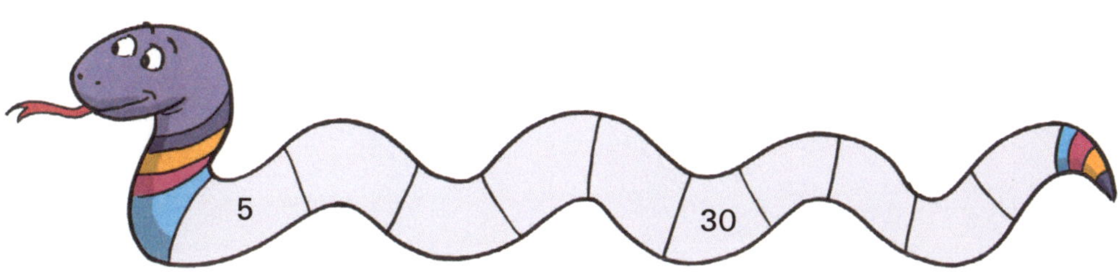

Tanz der Vampire

Genau um Mitternacht beginnt die Geisterstunde! Dann werden kleine und große Vampire wach und tanzen durch die alte Burgruine.

1 Achtung: Immer zwei Vampire stellen sich zum Mitternachtstanz auf.

Schreibe die Zweier-Reihe weiter!

$1 \cdot 2 = 2$, $2 \cdot 2 = 4$, $3 \cdot 2 =$ _____, ____

____ $10 \cdot 2 =$ _____

2 Jetzt tanzen sie zu viert.
Trage die Vierer-Reihe ein.

$10 \cdot 4 =$ _____, ____

$5 \cdot 4 =$ _____, ____ $1 \cdot 4 =$ _____

3 Du kommst nun zu den Rechentruhen.
Kannst du sie knacken?

:	2	4
20		
8		
16		
4		
12		

·	4	7	9	8
2				
4				

4 Jetzt musst du genau überlegen! Wie viele Beine haben die Fledermäuse?

1 Fledermaus hat ______ Beine.

7 Fledermäuse haben ______ Beine.

3 Fledermäuse haben ______ Beine.

5 Wie viele Beine haben die Mäuse?

1 Maus hat ______ Beine.

8 Mäuse haben ______ Beine.

0 Mäuse haben ______ Beine.

Merk's dir!

Die 2er- und die 4er-Reihe sind eng miteinander verwandt. Sieh selbst:

$3 \cdot 2 = 6$	$7 \cdot 2 = 14$
$3 \cdot 4 = 12$	$7 \cdot 4 = 28$

6 Das Ergebnis ist immer eine Zahl der 10er-Reihe!

$8 \cdot 2 + 4 =$ ______	$8 \cdot 4 + 8 =$ ______
$9 \cdot 2 - 8 =$ ______	$7 \cdot 4 + 2 =$ ______
$0 \cdot 2 + 60 =$ ______	$9 \cdot 4 + 14 =$ ______

Lizzy tanzt auch gerne, aber ich fahre lieber Inliner!

Für Könner!

7 Auch Lenny hat in der Drachenschule schon die 2er- und 4er-Reihe gelernt. Jetzt schreibt er die Reihen weiter. Bist du dabei?

20, 22, 24, _____, _____, _____, _____, _____, _____, _____, 40.

40, 44, _____, _____, _____, _____, _____, _____, _____, _____, 80.

Und jetzt durcheinander:

$13 \cdot 2 =$ _____	$20 \cdot 2 =$ _____	$16 \cdot 2 =$ _____
$15 \cdot 4 =$ _____	$17 \cdot 4 =$ _____	$19 \cdot 4 =$ _____

Achtung, Achterbahn!

Diese Woche besuchen Isa und Tante Gabi das Frühlingsfest. Am allerbesten gefällt Isa die rasante Achterbahn.

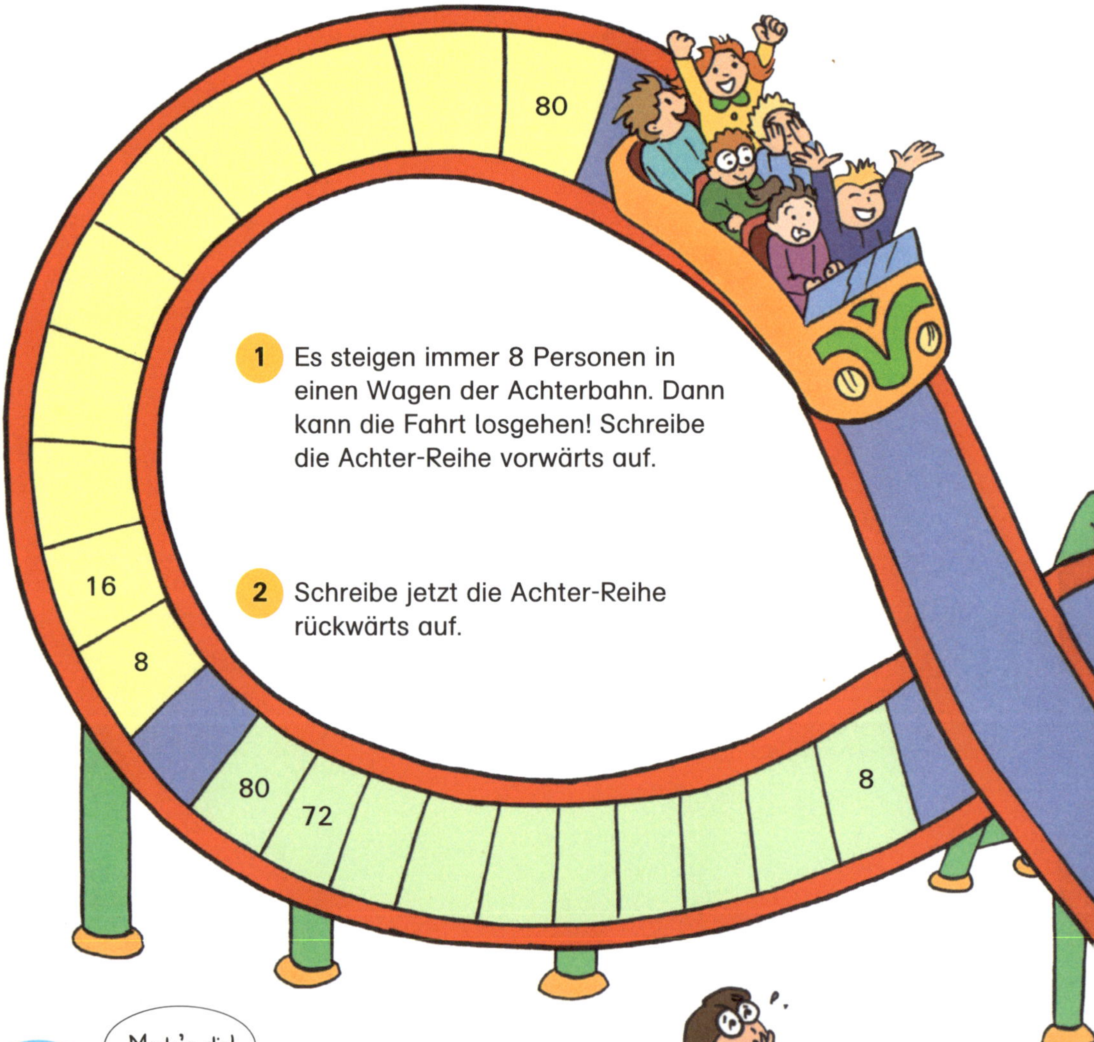

1 Es steigen immer 8 Personen in einen Wagen der Achterbahn. Dann kann die Fahrt losgehen! Schreibe die Achter-Reihe vorwärts auf.

2 Schreibe jetzt die Achter-Reihe rückwärts auf.

Zu jeder **Malaufgabe** gibt es eine passende **Geteiltaufgabe**. Diese Aufgabe heißt Umkehraufgabe.

$16 : 8 = 2$ ist die Umkehraufgabe von $2 \cdot 8 = 16$.

3 Wie heißen die Umkehraufgaben? Rechne zuerst die Malaufgabe. Suche dann die passende **Geteiltaufgabe,** und rechne umgekehrt.

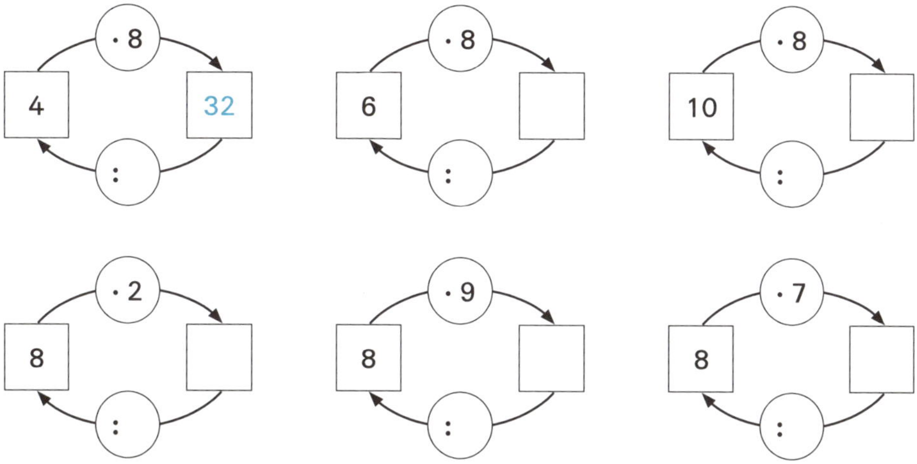

4 Jetzt fahren auch die Zahlen Achterbahn: Es geht hoch und runter! Fülle zusammen mit Isa aus.

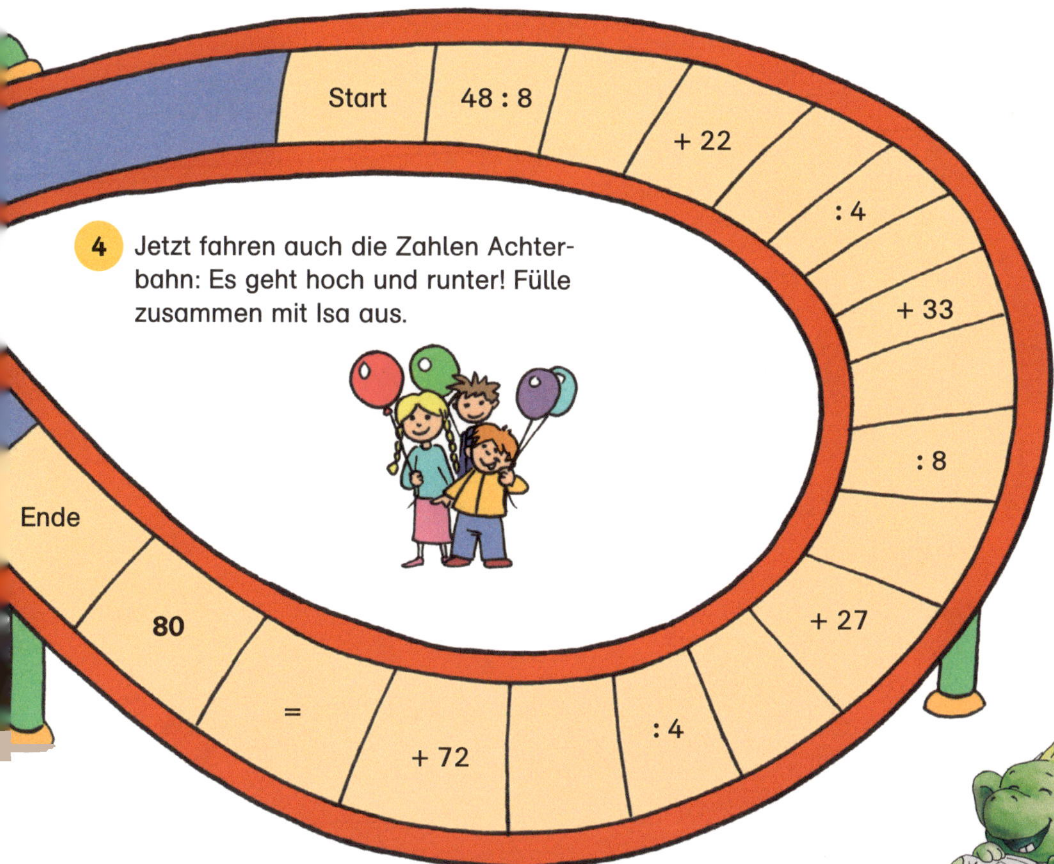

Tierkinder

Heute ist es endlich soweit. Der Tierkinderzoo wird eröffnet! Frau Kleinfeld steht schon mit Jonas und Seva an der Kasse.

Mit der Währung **Euro** kannst du in vielen Ländern Europas bezahlen. Merke dir, wie man Euro in Cent umwandelt.

1 Euro sind 100 Cent:
1 € = 100 ct

1 Seva schaut sich das Schild mit den Eintrittspreisen genau an. Sie rechnet aus: „Ein Kind bezahlt 3 Euro. Zwei Kinder bezahlen 6 Euro. Drei Kinder bezahlen ...“. Fülle die Tabellen aus!

			Eintrittspreis für Kinder							
Kinder	1	2	3	4	5	6	7	8	9	10
Eintritt	3 €	€			15 €					30 €

			Eintrittspreis für Erwachsene							
Erwachsene	1	2	3	4	5	6	7	8	9	10
Eintritt	6 €	€			30 €					60 €

2 Jetzt sind Frau Kleinfeld und die Kinder an der Reihe. Frau Kleinfeld bezahlt für alle mit einem 50-Euro-Schein.

Frage: Wie viel Euro bekommt sie zurück?

Rechnung: ______________________________

____

Antwort: ______________________________

3 „Seva, komm schnell, ich habe mein Lieblingstier entdeckt“, ruft Jonas. Welches Tier meint Jonas? Male alle Felder gelb an, in denen du eine Zahl der Sechser-Reihe findest. Male dann alle restlichen Felder grün an. Schreibe den Namen des Tieres auf die Linie.

____

4 Zum Schluss gehen Jonas und Seva ins Terrarium. Und auch hier gibt es viele Tierkinder zu sehen. Schau selbst!

Welches Zeichen musst du einsetzen: =, < oder > ?

5 · 3	 >	14	27 : 3		9	6 · 3		3 · 6
8 · 3		42	3 : 3		0	3 · 3		6 · 6
9 · 6		54	48 : 6		9	30 : 3		54 : 6
7 · 6		44	36 : 6		8	24 : 6		28 : 4

Die Schneewanderung

Anfang Januar unternimmt die Klasse 3a eine Schneewanderung in den Krähenwald. Warm eingepackt stapfen die Kinder durch die eisige Kälte.

1 Unterwegs ziehen dicke Wolken auf, und es beginnt zu schneien. Weißt du, was in den Wolken fehlt?

_____ = 4 · 9

_____ = 3 · 9

_____ = 2 · 9

_____ = 1 · 9

2 Nun kommen die Kinder an den Blockhütten vorbei. Fülle aus.

·9

5	45
2	
	81
6	
	27
8	

:9

36	
	1
63	
	9
54	
	10

Ich verrate dir einen tollen Trick:
Die 10er-Reihe kann dir beim Lernen der 9er-Reihe helfen.

10 · **4** = 40 → −4 → 9 · **4** = 36

10 · **8** = 80 → −8 → 9 · **8** = 72

___ = 5 · 9

___ = 7 · 9

___ = 9 · 9

___ = 6 · 9

___ = 8 · 9

___ = 10 · 9

3 Es schneit weiter! Kreise immer 4 Schneeflocken ein, und schreibe die passende Geteiltaufgabe dazu.

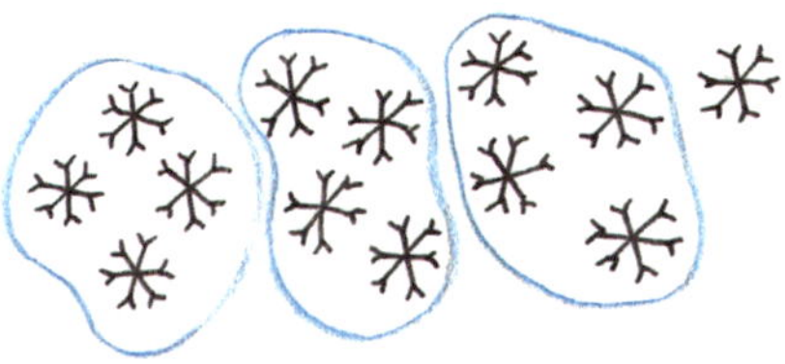

13 : 4 = 3 Rest 1

___ : ___ = ___ Rest ___

______________________ ______________________

4 In der Klasse 3a sind 23 Kinder. Die Lehrerin, Frau Brückmann, teilt die Kinder auf dem Rückweg in Gruppen ein. Hilf mit, die Kinder zu verteilen! Überlege dir auch die Umkehraufgabe.

„Immer 3 Kinder zusammen.“ 23 : 3 = ___ Rest ___ 7 · 3 + 2 = 23

„Immer 5 Kinder zusammen.“ ______________ ______________

„Immer 4 Kinder zusammen.“ ______________ ______________

„Immer 9 Kinder zusammen.“ ______________ ______________

Es war einmal ...

Hast du Lust, mit ins Märchenland zu kommen? Dann mach dich bereit. Zuerst musst du über die 7 Berge klettern.

1 Hoppla, hier fehlt ja etwas!

Präge dir die **Kernaufgaben der 7er**-Reihe gut ein:

2 · 7 = 14, **5** · 7 = 35, **7** · 7 = 49, **10** · 7 = 70

Mit den Kernaufgaben kannst du leicht alle anderen Zahlen der 7er-Reihe herausfinden. Du musst nur + 7 oder – 7 rechnen.

2 Löse zuerst diese Aufgaben. Suche dann die Lösungszahlen im Bild rechts, und male die Felder in der richtigen Farbe an!

rot	blau	grün	orange	braun
5 · 7 = ____	7 · 7 = ____	21 : 7 = ____	63 : 7 = ____	7 : 7 = ____
2 · 7 = ____	10 · 7 = ____	42 : 7 = ____	28 : 7 = ____	56 : 7 = ____
8 · 7 = ____	4 · 7 = ____	35 : 7 = ____	49 : 7 = ____	14 : 7 = ____

3 Hast du schon herausgefunden, wer in dem Haus wohnt?

Richtig, die 7 ____________________!

4 Im Keller lagern 33 Äpfel. Verteile sie gerecht an die 7 Hausbewohner. Achtung: Es bleibt ein Rest übrig!

a) Frage: ______________________________

Rechnung: ______________________________

Antwort: ______________________________

Für Könner!

5 Welche beiden Zahlen gehören zur 7er-Reihe und lassen sich nur durch sich selbst und 7 teilen?

Die Zahlen heißen _____ und _____.

Im Zelt

Am Wochenende darf Isa bei ihrer Cousine Nora übernachten. Mit vereinten Kräften haben sie am Nachmittag das kleine Zelt im Garten aufgestellt und gemütlich eingerichtet.

Halbieren heißt, eine Zahl **durch** 2 zu teilen: 6 : 2 = 3.

Verdoppeln heißt, eine Zahl **mal** 2 zu nehmen: 6 · 2 = 12.

1 Halbiere die Mengen, und notiere die passende Aufgabe.

4 Kuscheltiere	8 Stifte	12 Spielkarten	18 Kekse
4 : 2 = ____	________	________	________

2 Verdopple nun die Mengen, und schreibe die passende Aufgabe dazu.

3 Taschenlampen	6 Bücher
3 · 2 = ____	________
9 Bonbons	**11 Sticker**
________	________

3 Verdopple, und halbiere die Zahlen!

Die Hälfte : 2	5					
Zahl	10	12	14	16	20	50
Das Doppelte · 2	20					

Für Könner!

4 Tante Lotte findet noch 98 Cent in ihrem Rucksack.
Isa und Nora dürfen das Geld behalten, wenn sie es gerecht verteilen.

Frage: Wie viel ______

Rechnung: ______

______

Antwort: ______

5 Bevor die Mädchen einschlafen, stellen sie sich einige Rätsel.

Isa denkt sich eine Zahl: „Wenn ich die Zahl halbiere, erhalte ich 13."

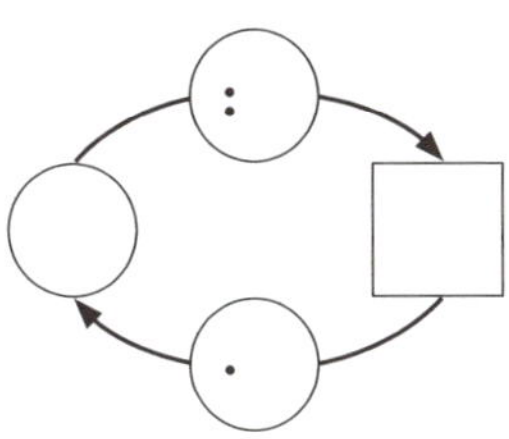

Wie heißt die Zahl? ______

Jetzt ist Nora an der Reihe: „Ich denke mir eine Zahl: Wenn ich die Zahl verdopple und 5 addiere, erhalte ich 45."

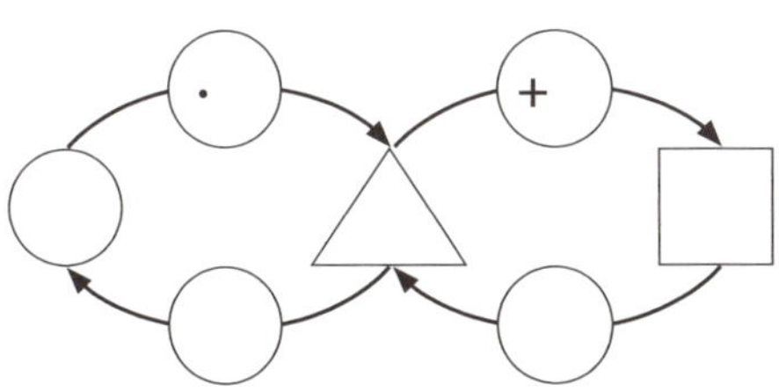

Wie heißt die Zahl? ______

Der Flohmarkt der 3a

Am Montag veranstaltet die 3a einen großen Flohmarkt auf dem Schulhof. Auf den Tischen stehen schon viele Spiele und Selbstgebasteltes zum Verkauf bereit.

Wenn du eine zweistellige Zahl multiplizierst, nimmst du **erst die Zehnerzahl** und **dann die Einer** mal. Zähle zum Schluss beide Ergebnisse zusammen, dann hast du die Lösung!

Rechne so:

3 · **14** = 42

3 · 10 = 30
3 · 4 = 12

1 Beim Sortieren der Ware und beim Verkauf gibt es eine Menge zu rechnen:

5 · 17 = ____	8 · 32 = ____	6 · 49 = ____	7 · 28 = ____
5 · 10 = ____	____	____	____
____	____	____	____

2 Maya kennt einen tollen Trick fürs Multiplizieren: Sie nutzt Rechenvorteile. Versuche es auch einmal!

Bei Zahlen wie 79 kannst du mit der nächst höheren Zehnerzahl, nämlich mit 80 arbeiten. Ziehe dann vom Ergebnis die Zahl, die du zu viel multipliziert hast, wieder ab!

$4 \cdot \mathbf{79} = 316$

$4 \cdot \mathbf{80} = 320$

$4 \cdot \mathbf{1} = 4$

$8 \cdot 29 =$ ______ $9 \cdot 59 =$ ______

$6 \cdot 39 =$ ______ $5 \cdot 99 =$ ______

$3 \cdot 48 =$ ______ $7 \cdot 98 =$ ______ $9 \cdot 57 =$ ______ $4 \cdot 77 =$ ______

3 Zum Schluss berechnet Frau Brückmann die Einnahmen. Zunächst werden die Cent sortiert:

24 5-Cent-Münzen **31** 10-Cent-Münzen **9** 50-Cent-Münzen

$24 \cdot 5$ ct + $31 \cdot$ ct + ______ ct

______ = ______ ct

______ , ______ €

Nun kommen die größeren Beträge:

7 1-Euro-Münzen **15** 2-Euro-Münzen **13** 5-Euro-Scheine

$7 \cdot$ 1 € + ______ € + ______ €

______ = ______ €

Die Klasse 3a hat insgesamt ______ € ______ ct eingenommen.

Kleine Wolke und Schneller Pfeil

Kleine Wolke und Schneller Pfeil leben in einem kleinen Indianerdorf mitten in den Bergen. Wie die beiden ihre freie Zeit verbringen, erfährst du hier.

Hier musst du geschickt zerlegen:

48 : 3 = 16
___
30 : 3 = 10
18 : 3 = 6

1 Im Puma-Gebirge warten Aufgaben auf dich!

91 : 7 = ______

70 : 7 = ______

______

68 : 4 = ______

______

______

72 : 6 = ______

______

______

66 : 3 = ______

______

______

58 : 2 = ______

______

______

96 : 4 = ______

______

______

2 Seit über einem Jahr sammelt Kleine Wolke schon Perlen aus Ton. Sie hat insgesamt 75 Stück! Nun möchte sie immer 5 Perlen auf einer Schnur auffädeln.

Frage: ______

Rechnung: ______

______

______

Antwort: ______

3 Weiter zu den geheimnisvollen Rechenbäumen! Auch hier musst du wieder dividieren. Kannst du die Rechnungen im Kopf lösen?

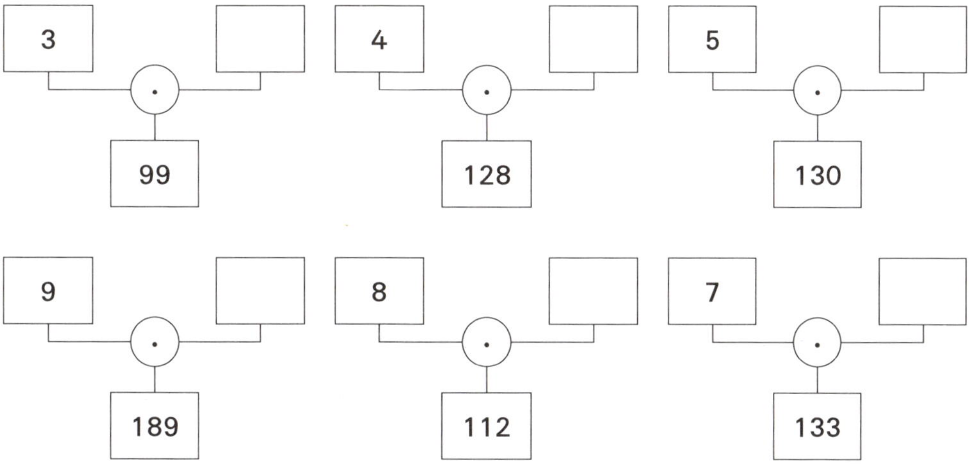

4 Schneller Pfeil verteilt 104 Federn an 8 Kinder. Um einen Haarschmuck zu basteln, benötigt jedes Kind 12 Federn.

Frage: Reichen die Federn für den Haarschmuck?

Rechnung: ______________________________

____

____

Antwort: ______________________________

Für Könner!

5 Das Indianerbaby ist schon 84 Tage alt!

!

a) Wie viele Wochen sind das? Es sind _____ Wochen.

b) Wie viele Monate sind das? Es sind _____ Monate.

c) Wie viele Jahre sind das? Es sind _____ Jahre.

Aladin und die Wunderlampe

Im fernen Morgenland lebte vor langer Zeit ein Junge mit Namen Aladin. Mit seiner Wunderlampe hat er manches Abenteuer bestanden. Begleitest du ihn auf seiner Reise?

Die **vier Grundrechenarten** heißen:
Addieren (dazuzählen +),
subtrahieren (abziehen –),
multiplizieren (malnehmen ·)
und dividieren (teilen :).

1 Du kennst nun alle 4 Grundrechenarten! Hilf Aladin beim Rechnen.

2 Welche Einmaleins-Reihe ist das?
Die Zehnerzahl wird immer um 1 größer.
Die Einer werden immer um 1 kleiner.

Antwort: Das kann nur die _____er-Reihe sein!

3 Finde heraus, wie alt Aladin ist!

Wenn du zu Aladins Alter 48 dazuzählst, dann durch 9 teilst und zum Schluss mit 8 malnimmst, erhältst du 56. Wie alt ist Aladin?

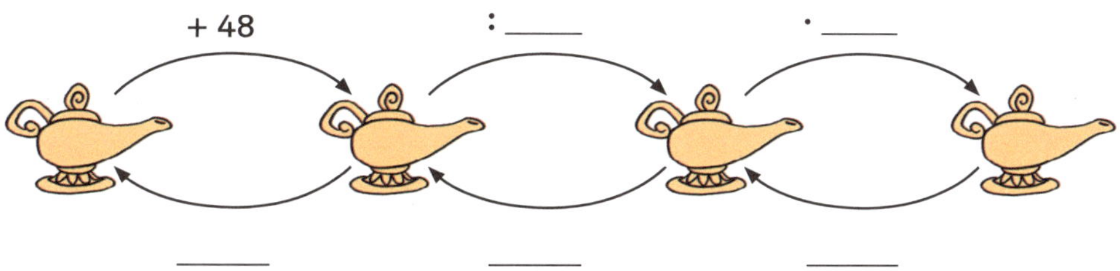

4 Aladin hat 50 kostbare Edelsteine gewonnen. Alle gleichfarbigen Steine legt er in ein Säckchen. Rechne und zeichne!

____

5 Fülle den Lückentext mit den passenden Wörtern! Der Merkkasten hilft dir dabei.

In der 2. Klasse lernen die Kinder das kleine Einmaleins

und können alle ______________________________

auswendig aufsagen. Auch die passende Umkehraufgabe,

nämlich die ______________________________

ist wichtig. Natürlich werden auch diese Aufgaben

fleißig trainiert: 73 – 29 oder 48 + 35. Diese Rechen-

arten nennt man ______________________ und

______________________.

Tierhandlung „Miezekatz“

Willkommen in der Tierhandlung „Miezekatz“! Was darf es sein: Kuscheldecke, Kratzbaum oder Katzenschmaus?

1 Katze Minka und ihre drei Kätzchen benötigen eine Menge Dinge. Frau Berger schaut auf die Preise und kauft immer den günstigsten Artikel.

Frage: Wie viel ____________________

Rechnung: ____________________

Antwort: ____________________

2 Jetzt kaufst du eine Packung Katzenstreu! Wie viel Geld bekommst du zurück? Schreibe die Minusaufgabe auf.

_____ € – _____ € = _____ €

Aufgepasst! Bei Geldbeträgen trennt das **Komma** Euro und Cent.

5,99 € liest du 5 Euro 99 Cent.
0,89 € liest du 89 Cent.

Für Könner!

3 Ergänze die Beträge. Achte darauf, dass du das Komma richtig setzt.

!

16,05 € + ___ , ___ € = 20 €

9,78 € + ________ = 20 €

36,59 € + ________ = 50 €

42,98 € + ________ = 50 €

73,67 € + ________ = 100 €

99,99 € + ________ = 100 €

4 Lucca hat genau 20 €. Sie überlegt, was sie aus dem gesamten Angebot auswählen soll und denkt sich schon Aufgaben aus.

16 € + 3 € = _____ €

_____ € + _____ € = _____ €

____

____

____

Die Bundesjugendspiele

Merke dir die Umrechung gut:
1 Meter hat 100 Zentimeter
1 m = 100 cm

Im Juli ist es wieder soweit. Die Schüler trainieren eifrig für die Bundesjugendspiele. Auch Tim und Jana sind dabei.

1 Beim Weitwurf gibt es ein großes Gedränge. Da schlägt Frau Grün vor, dass sich alle der Größe nach aufstellen. Dazu misst sie die Größe der Kinder. Trage die Messergebnisse in die Tabelle ein!

	m	dm	cm
Tim: 1 m 40 cm	1	4	0
Elena: 1 m 29 cm			
Manuel: 1 m 32 cm			
Paul: 1 m 24 cm			
Uli: 1 m 17 cm			
Jana: 1 m 22 cm			

2 Ordne die Kinder nach ihrer Größe.

Tim > Manuel > ____________________

3 Weiter zum Weitsprung! Hier misst Herr Schwarz zusammen mit Manuel. Bevor die beiden das Maßband anlegen, schätzen sie die Weite. Trage in die Tabelle den Unterschied ein.

	geschätzt	gemessen	Unterschied
Tim	3 m 57 cm	3 m 50 cm	7 cm
Elena	3 m 15 cm	3 m 11 cm	
Jana	2 m 81 cm	2 m 76 cm	
Uli	3 m 47 cm	3 m 55 cm	
Paul	2 m 89 cm	2 m 99 cm	

4 Herr Schwarz überprüft auf seinem Block weitere Längenangaben. Wandle um!

1 m	100 cm
3 m	cm
5 m	
7 m	
9 m	
10 m	

Für Könner!

5 Kennst du dich schon gut mit den Längen aus? Verbinde richtig!

Höhe: Tür

Länge: Auto

Breite: CD-Hülle

Höhe: Kastanienbaum

Breite: Zeigefinger

14 cm

40 m

4 m

1 cm

2 m

Im Dinosaurier-Museum

Am Wochenende machen Jana und ihre Tante einen Ausflug ins Sauriermuseum. Dort gibt es die längst ausgestorbenen Riesen der Urzeit zu bestaunen.

Präge dir die Umrechnung gut ein:
1 Dezimeter hat 10 Zentimeter
1 dm = 10 cm

1 Jana liest die Längenmaße des Triceratops.

Frage: Wie lang ist der Saurier insgesamt?

Rechnung: ____________________

Antwort: ____________________

____

2 Wie lang sind die anderen Saurier? Male den Namen des längsten Sauriers grün an!

Nur für Dino-Experten			
Name	**Kopflänge**	**Körperlänge**	**Gesamtlänge**
Plateosaurus	2 m	6 m 50 cm	
Brachiosaurus	3 m	18 m 70 cm	
Tyrannosaurus	2 m	13 m 30 cm	
Stegosaurus	80 cm	5 m 10 cm	
Velociraptor	30 cm	1 m 60 cm	
Triceratops	2 m	7 m 20 cm	

Für Könner!

3 Der schlaue Lenny hat sich ein Rätsel ausgedacht: Kreise die längste Strecke mit grüner Farbe ein!

!

1,5 m   15 dm   150 cm   1500 mm

4 Jana kommt nun zu den Saurierknochen. Welche Längenangaben gehören zusammen? Verbinde.

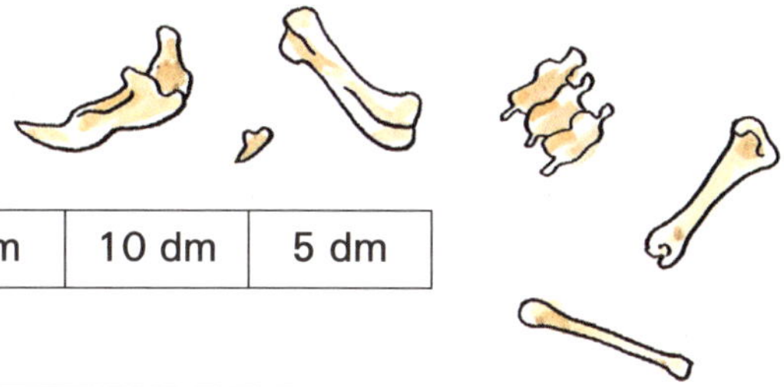

1 dm	9 dm	4 dm	2 dm	10 dm	5 dm

90 cm	10 cm	50 cm	40 cm	100 cm	20 cm

5 Fülle den Lückentext aus. Die Wörter helfen dir dabei. Achtung: Ein Wort bleibt übrig!

Dezimeter | Millimeter | Zentimeter | Kilometern | Elfmeter | Meter

Die kleinste Einheit auf dem Lineal heißt ____________________.

10 mm ergeben 1 __________________. Setzt du 10 cm aneinander,

nennt man diese Strecke auch 1____________________.

100 cm kann man auch anders nennen, nämlich 1 _____________.

Und wem das immer noch nicht reicht, der sollte sich mit

__________________ beschäftigen!

Im Uhrenland

Heute unternehmen Lizzy und Lenny einen Ausflug in das Land der Uhren.

1 Trage beide möglichen Uhrzeiten ein.

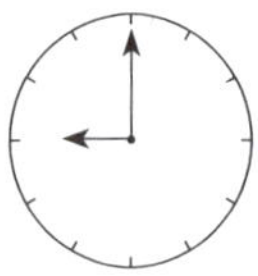

9.00 Uhr

21.00 Uhr

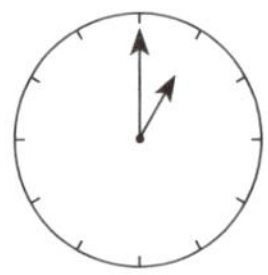

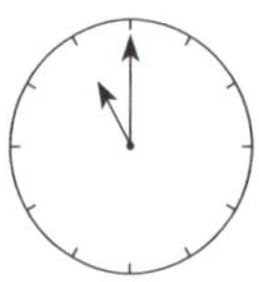

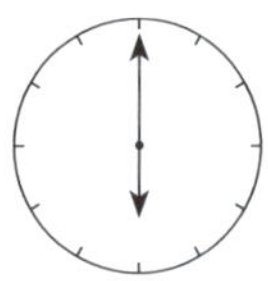

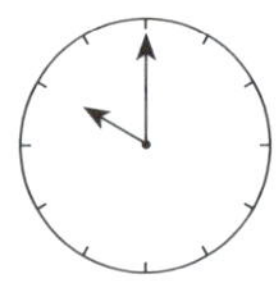

2 Rasch fliegt der kleine Drache zum Uhrenbeet weiter. Welche Zeiten gehören zusammen? Verbinde.

10.00 Uhr	19.00 Uhr	15.00 Uhr	6.00 Uhr

3 Auch am Uhrenhäuschen bleibt der Drache stehen. Er liest die Uhrzeit und trägt sie in die Tabelle ein.

	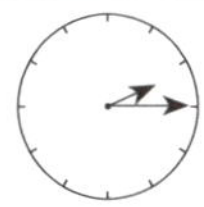	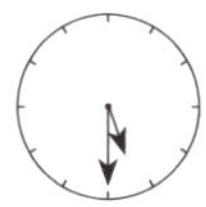	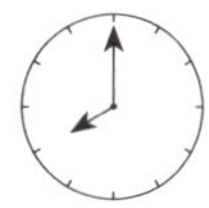	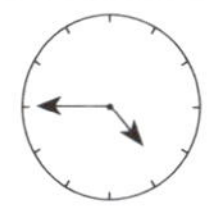
morgens oder vormittags sagen wir ...	2.15 Uhr			
nachmittags oder abends sagen wir ...	14.15 Uhr			

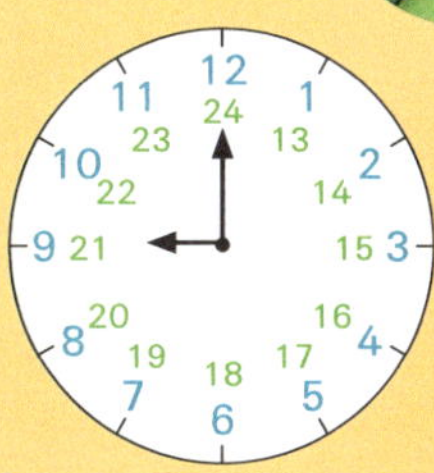

Ein Tag hat 24 Stunden.

vormittags: **9.00 Uhr**

abends: **21.00 Uhr**

4 Am Ende des Rundflugs kommen Lizzy und Lenny an einer Tafel vorbei. Sie lesen laut:

„Für 18 Minuten nach 7 Uhr schreiben wir 7.18 Uhr.
Für 8 Minuten nach 7 Uhr schreiben wir 7.08 Uhr."

Schreibe genauso:

15 Minuten nach 7 Uhr: ____________ Uhr

5 Minuten nach 9 Uhr: ____________ Uhr

19 Minuten nach 20 Uhr: ____________ Uhr

9 Minuten nach 22 Uhr: ____________ Uhr

Start frei für die Tierolympiade!

Jedes Jahr im Sommer treffen sich die Tiere zur großen Tierolympiade. Auf dem Sportgelände im Wald kämpfen die Schnellsten um die Medaillen.

Der kleine Zeiger zeigt die Stunden an (Stundenzeiger). Der große Zeiger zeigt die Minuten an (Minutenzeiger).

1 Karla Kamel, Rudi Rabe, Erwin Esel und Willi Waschbär sind nach einer langen Reise am Vormittag angekommen. Trage in die Tabelle ihre Ankunftszeiten ein:

Karla		8.00 Uhr
Rudi	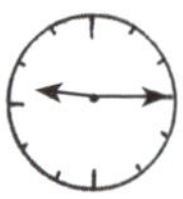	Uhr
Erwin		
Willi		

2 Eli Elefant, Bruno Bär, Alois Affe und Freddi Frosch sind in den Umkleidekabinen. Zeichne in die Uhren die Zeit ein, zu der die Tiere aus ihren Kabinen kommen!

Eli		11.00 Uhr
Bruno		11.10 Uhr
Alois		11.30 Uhr
Freddi		12.05 Uhr

3 Zum ersten Wettkampf gehen der Rabe, das Krokodil und der Löwe an den Start. Da die Strecke sehr lang ist, müssen die Tiere Pausen einlegen. Wie lange macht jedes Tier insgesamt Pause?

	Pause 1	Pause 2	Pause 3	Pausen insgesamt
Rabe	4 Minuten	2 Minuten	15 Minuten	Minuten
Krokodil	7 Minuten	11 Minuten	24 Minuten	Minuten
Löwe	0 Minuten	4 Minuten	8 Minuten	Minuten

4 Auch beim Wetttauchen gibt es Medaillen! Wer am längsten die Luft anhalten kann, ist Sieger. Wer gewinnt?

Der Sieger im Wetttauchen heißt:

____

Freddi Frosch	1 Stunde
Berta Biber	9 Minuten
Emma Ente	30 Sekunden
Paul Pinguin	7 Minuten

Für Könner!

5 Auch Lenny kennt sich mit der Uhrzeit schon gut aus. Und du? Verbinde die passenden Uhrzeiten.

!

5 vor 12

Viertel nach 6

halb 10

Mitternacht

Viertel vor 6

5 nach halb 10

24.00 Uhr

23.55 Uhr

17.45 Uhr

18.15 Uhr

9.35 Uhr

9.30 Uhr

Mit dem Schiff unterwegs

Familie Bauer verbringt ihre Ferien am Waldsee. Anne und Tobi gehen an den See zur Schiffsanlegestelle. Sie entdecken den Fahrplan.

Fahrplan

Abfahrt	**Ankunft**
Waldsee 10.00 Uhr	Blumen-Insel 10.25 Uhr
Waldsee 11.30 Uhr	Altdorf 11.55 Uhr
Waldsee 12.20 Uhr	Mühlbach 12.45 Uhr
Waldsee 14.20 Uhr	Vogel-Insel 15.20 Uhr
Waldsee 16.55 Uhr	Eichstadt 17.15 Uhr
Waldsee 17.40 Uhr	Wasserburg 18.05 Uhr

1 Anne und Tobi rechnen aus, wie lange die Schifffahrten dauern.

Waldsee – Blumen-Insel: 10.00 Uhr $\xrightarrow{25 \text{ min}}$ 10.25 Uhr

____

____

____

____

____

2 Welche Fahrt dauert am längsten?

____

____

____

3 Welche Fahrt ist die kürzeste?

____

____

____

4 Am nächsten Tag fährt Familie Bauer zur Vogel-Insel. Setze passend ein: h (Stunde), min (Minute) oder s (Sekunde).

Die Fahrt zur Vogel-Insel dauert genau 1 ____.

Anne bleibt 3 ____ bei den Graureihern stehen.

Tobi läuft 50 m in 9 ____.

Der Rundgang auf der Insel dauert 2 ____.

Anne kann die Luft 18 ____ lang anhalten!

Ein Tag hat 24 ____.

Beim Rechnen mit **Zeitspannen** musst du immer wieder Stunden in Minuten umrechnen.

Eine Stunde hat 60 Minuten:
1 h = 60 min

Für Könner!

5 Es ist 17 Uhr. Tobi hat viele Fragen.

a) „Wie viel Uhr ist es in 65 Minuten?“

Es ist dann ________ Uhr.

b) „Wie viel Uhr ist es in 90 Minuten?“

Es ist dann ____________.

c) „Wie spät war es vor 35 Minuten?“

Es war genau ________ Uhr.

d) „Wie spät war es vor 80 Minuten?“

____

6 Der Wind hat die Zeitspannen durcheinander gebracht! Ordne die Zeitspannen nach ihrer Dauer. Beginne mit der längsten Zeitspanne.

____

____

Im Zirkus

Hereinspaziert meine Damen und Herren!
Willkommen im Zirkus Salto Mortale!

1 Wie viele Tiere leben im Zirkus?
Vervollständige die Zeichnungen.

a) Alle Löwen haben zusammen 16 Pfoten.

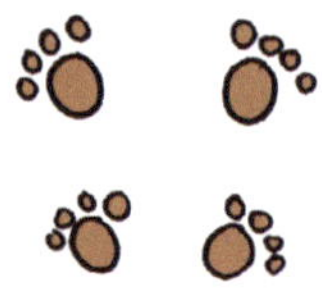

Rechnung: ______________________________

Antwort: ______________________________

b) Alle Trampeltiere haben zusammen 14 Höcker.

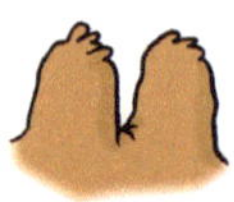

Rechnung: ______________________________

Antwort: ______________________________

Beim Lösen von Sachaufgaben hilft es oft, wenn du dir eine kleine **Zeichnung** machst. Mit der Zeichnung kannst du gut nachprüfen, ob dein Rechenweg richtig ist.

2 Die Zirkushunde haben Nachwuchs. 15 Welpen werden am Abend in ihre Körbchen gebracht. In jedem Korb haben 5 Welpen Platz. Zeichne die Körbe mit den Welpen.

Frage: Wie viele Körbe braucht der Zirkus für die Welpen?

Rechnung: ______________________________

Antwort: ______________________________

3 Welches Tier wird hier gesucht? Ob es im Zirkus lebt? Kreuze die richtige Lösung an und zeichne das Tier.

Es hat 2 Vorderfüße. Es hat 2 Hinterfüße.
Es hat 2 rechte Füße. Es hat 2 linke Füße.

- ☐ Krake
- ☐ Marienkäfer
- ☐ Seehund
- ☐ Tiger
- ☐ Papagei
- ☐ Weinbergschnecke
- ☐ Anakonda

Die 2a auf Klassenfahrt

Gleich in der ersten Schulwoche macht die Klasse 2a einen Ausflug zur Burg Eulenstein. Zuerst erkunden die Kinder jeden Winkel der alten Burg, dann machen sie eine Pause.

1 Auf Burg Eulenstein gibt es auch einen kleinen Kiosk. Alex kauft 5 Postkarten und 2 Poster von Burg Eulenstein.

Frage: ______________________

____

Rechnung: ______________________

____

____

Antwort: ______________________

____

Bei Sachaufgaben musst du dir die **Frage** oft selbst überlegen. Mein Tipp für dich: Die Frage beginnt meist mit *„Wie viel ...?“*. Es wird immer **nach einer Anzahl** gesucht, die nicht im Aufgabentext steht.

2 Jana nimmt 6 Gummischlangen und 7 weiße Mäuse.

Frage: ______________________

____

Rechnung: ______________________

____

____

Antwort: ______________________

____

3 Frau Becker kauft den Ritterhelm, das Schild und ein Schwert. Sie bezahlt mit einem 50 Euro-Schein.

Frage: ______________________

____

Rechnung: ______________________

____

____

Antwort: ______________________

____

4 Auch Ben bleibt am Kiosk stehen. Er kauft sich für 35 ct Gummischlangen. Wie viele Gummischlangen erhält er?

Rechnung: ______________________

Antwort: ______________________

____

5 Außerdem kauft er für 80 ct weiße Mäuse. Wie viele weiße Mäuse bekommt er dafür?

Rechnung: ______________________

Antwort: ______________________

____

Für Könner!

6 Opa Nepomuk hat 18 € dabei.

Frage: Wie viele Burg-Poster kann er kaufen, wenn er den dritten Teil seines Geldes behalten möchte?

Rechnung: ______________________

____

Antwort: ______________________

Bei Familie Fröhlich

1 Lies dir den Text zweimal gründlich durch. Decke den Text dann ab. Kreuze die richtigen Sätze an!

Feli ist 8 Jahre alt, ihr Bruder Finn ist 4 Jahre älter. Herr Fröhlich ist 37 Jahre alt. Frau Fröhlich ist 3 Jahre jünger als Herr Fröhlich.

a) Wie viele Kinder haben Herr und Frau Fröhlich?

- ☐ Sie haben keine Kinder.
- ☐ Sie haben 1 Kind.
- ☐ Sie haben 2 Kinder.

b) Wie heißen die Kinder von Familie Fröhlich?

- ☐ Sie heißen Moni und Marc.
- ☐ Sie heißen Feli und Finn.
- ☐ Sie heißen Lisa und Lasse.

c) Wer ist der/die Jüngste bei Familie Fröhlich?

- ☐ Es ist Finn: Er ist 8 Jahre alt.
- ☐ Es ist Feli: Sie ist 8 Jahre alt.
- ☐ Es ist Herr Fröhlich.

! d) Wie alt ist Finn?

- ☐ Finn ist 12 Jahre alt.
- ☐ Finn ist 14 Jahre alt.
- ☐ Finn ist 16 Jahr alt.

! e) Wie alt ist Frau Fröhlich?

- ☐ Sie ist 30 Jahre alt.
- ☐ Sie ist 32 Jahre alt.
- ☐ Sie ist 34 Jahre alt.

Merk's dir!

Konzentriere dich auf den Inhalt des Textes. Kreise die wichtigen Zahlen ein, und merke sie dir. Lies den Text zur Sicherheit mehrmals durch.

2 Aufgepasst: Welcher Text gehört zu welcher Aufgabe?
Verbinde richtig und löse!

a) Opa geht mit den Kindern ins Fußballstadion. Der Eintritt kostet 35 €. Für Essen und Trinken bezahlt Opa 12 €. Wie viel Geld gibt Opa aus?

Opa gibt _____ € aus.

b) Auch Feli spielt Fußball. Beim Training hat ihr Team 12 zu 0 gewonnen! Die Hälfte der Tore hat Feli geschossen. Wie viele Tore hat Feli geschossen?

Feli hat _____ Tore geschossen.

c) Finn sammelt Bildchen von Fußballspielern. Er hat schon 12 Stück. Wenn er 35 hat, ist sein Sammelalbum voll. Wie viele Bildchen braucht Finn noch?

Er braucht noch _____ Bildchen.

12 : 2 = _____

12 + _____ = 35

35 +12 = _____

Für Könner!

3 Schaffst du das?

!

Frage: Wie alt war Herr Fröhlich bei der Geburt von Feli?

Rechnung: ________________________________

Antwort: ________________________________

Rechnen bis 100 – geschickte Rechenwege

Viele Aufgaben kannst du über geschickte Rechenwege leicht lösen.

Beispiele So könntest du vorgehen:

52 + 39 = ______

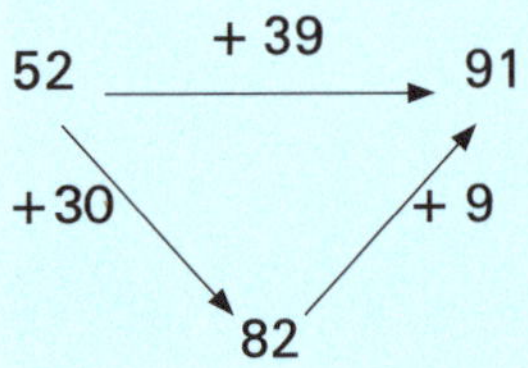

oder

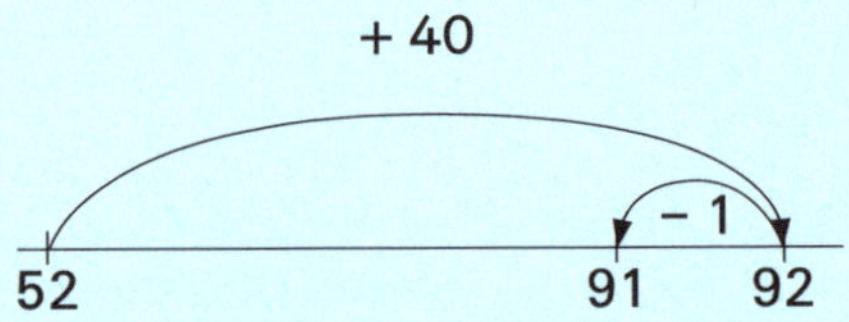

kurz: 52 + 39 = 82 + 9 = 91

kurz: 52 + 39 = 92 – 1 = 91

71 – 45 = ______

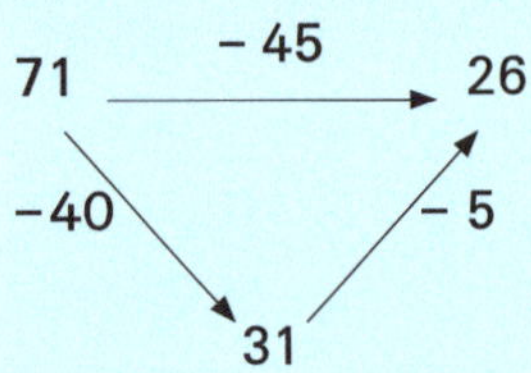

oder

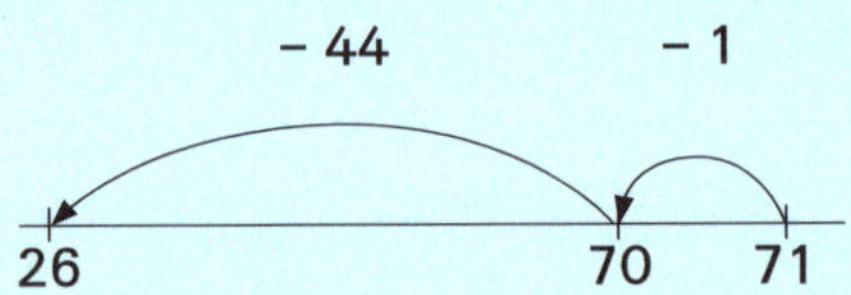

kurz: 71 – 45 = 31 – 5 = 26

kurz: 71 – 45 = 70 – 44 = 26

1 Löse die Aufgaben im Heft, wie es dir am leichtesten fällt.
Schreibe hier deine Kurzfassung auf.

48 + 25 = ______________ = ______ 91 – 46 = ______________ = ______

2 Schreibe von diesen Aufgaben nur noch die Kurzfassung ins Heft. Notiere hier die Ergebnisse.

a) 75 + 18 = ________ b) 96 – 27 = ________ c) 25 + 36 = ________

51 + 49 = ________ 61 – 45 = ________ 71 – 57 = ________

27 + 38 = ________ 54 – 29 = ________ 28 + 46 = ________

Aufgabe und Probeaufgabe gehören zusammen.
Mit der **Probeaufgabe** kannst du Ergebnisse überprüfen.
Man sagt auch **Umkehraufgabe** statt Probeaufgabe.

Beispiele: Aufgabe:		Probeaufgabe:
53 (+ 38) = 91	→	91 (− 38) = 53
72 (− 29) = 43	→	43 (+ 29) = 72

3 Rechne zu jeder Aufgabe auch die Probeaufgabe.

46 + 27 = ____ → ________ − 27 = ____

63 + 18 = ____ → ____________ = ____

34 + 58 = ____ → ____________ = ____

87 − 46 = ____ → ________ + 46 = ____

95 − 68 = ____ → ____________ = ____

78 − 19 = ____ → ____________ = ____

Beispiele

So kannst du falsch gerechnete Aufgaben herausfinden:

57 + 28 = 75 → 75 − 28 = **47**

Diese Zahlen stimmen nicht überein, also **falsch** gerechnet.

57 + 28 = 85 → 85 − 28 = **57**

Richtig gerechnet!

4 Welche dieser Aufgaben sind falsch gerechnet?
Prüfe durch eine Probeaufgabe.

39 + 47 = 84 → ____________

87 − 49 = 48 → ____________

94 − 68 = 26 → ____________

54 + 36 = 80 → ____________

Rechnen im Zahlenraum bis 1000

Für die Pflasterung des Garagenvorplatzes sind diese Steine vorgesehen:

1 Aus wie vielen Steinen besteht dieser Block?

Rechne so:

1 Stange: 10 Steine

1 Platte: 10 Stangen = 10 · 10 Steine

= ________ Steine

1 Block: 10 Platten = 10 · ________ Steine

= ________ Steine

Der Block besteht also aus ________ Steinen.

Du kannst die Stellenwerttafel um die **Tausender** ergänzen:

T	H	Z	E
1	0	0	0

1 Tausender gleich 10 Hunderter (1 T = 10 H)
1 Hunderter gleich 10 Zehner (1 H = 10 Z)
1 Zehner gleich 10 Einer (1 Z = 10 E)

Beispiele

Notiere jeweils die Anzahlen so:

T	H	Z	E
1	0	5	2

1 T + 0 H + 5 Z + 2 E
1000 + 0 + 50 + 2 = 1052

2 Ermittle die Anzahlen wie im Beispielkasten.

a)

T	H	Z	E
1	1	2	0

____

____

= ______

b)

T	H	Z	E
0	9	0	7

____

____

= ______

3 Trage hier jeweils die Vorgänger und Nachfolger der Zahlen ein.

	799	

	999	

	1 000	

4 a) Welche Zahlen gehören in die Kästchen?

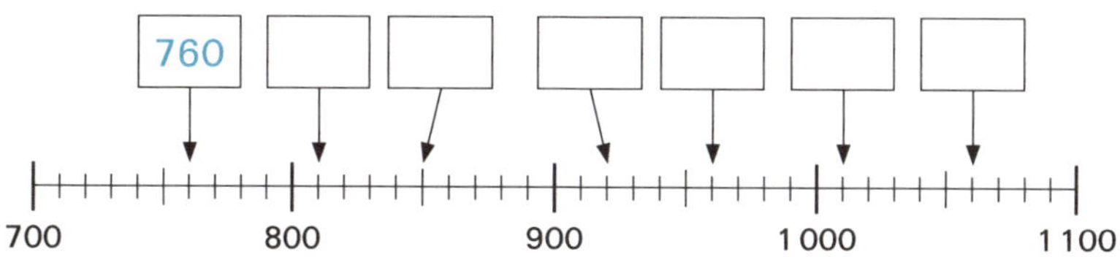

b) Kennzeichne diese Zahlen auf der Zahlenleiste.

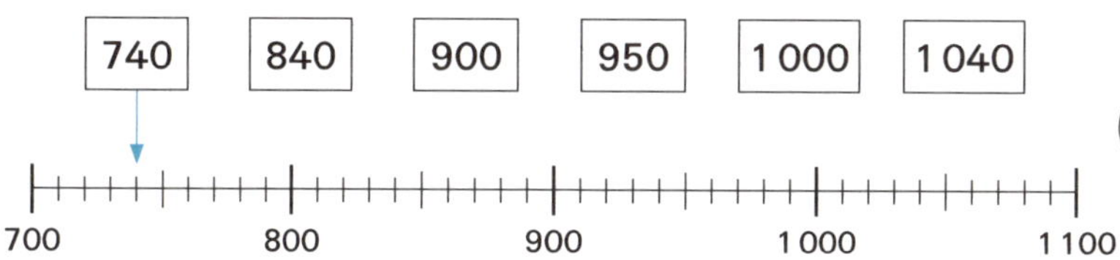

5 Ordne die Zahlen jeweils der Größe nach.
Beginne mit der kleinsten, und setze das <-Zeichen:

740; 739; 765 → 739 < 740 < 765

599; 589; 600 → ___________________

750; 699; 700 → ___________________

800; 1000; 900 → ___________________

6 Diese Zahlen sollen der Größe nach geordnet werden. Beginne mit der kleinsten Zahl.

327 354 542 829 722 892 719 524 732 819 718 345

Gehe so vor:

a) Suche jeweils alle Zahlen mit gleichem Hunderter heraus, und trage sie in die Tabelle ein.

327, ______	54☐, ______	7☐☐, ______	______
______	______	______	______

b) Ordne die Zahlen in jeder Spalte, und schreibe sie hier in der richtigen Reihenfolge auf.

327 < ☐ < ☐ < ☐ < ☐ < ☐ < ☐ < ☐

∧ ☐ ∧ ☐ ∧ ☐ ∧ ☐

Für Könner!

7 Du siehst Ausschnitte aus verschiedenen Hundertertafeln. Ergänze die Zahlen in den freien Feldern.

!

a)

364		
	375	

b)

102		
112		

c)

	417	

Hunderterübergang mit Einern und Zehnern

1 Ergänze immer zum nächsten Hunderter.

a) 396 + 4 = 400
695 + ____ = 700
492 + ____ = 500

b) 260 + ____ = 300
580 + ____ = 600
720 + ____ = 800

2 Subtrahiere immer vom Hunderter.

a) 600 – 2 = 598
300 – 8 = ____
700 – 6 = ____

b) 600 – 50 = ____
900 – 80 = ____
500 – 70 = ____

Die folgenden Aufgaben kannst du noch im Kopf lösen. Du gehst dabei jedoch am besten schrittweise vor.

Beispiele

Zerlege die **zweite Zahl**, und rechne schrittweise:

397 + **5** = ____

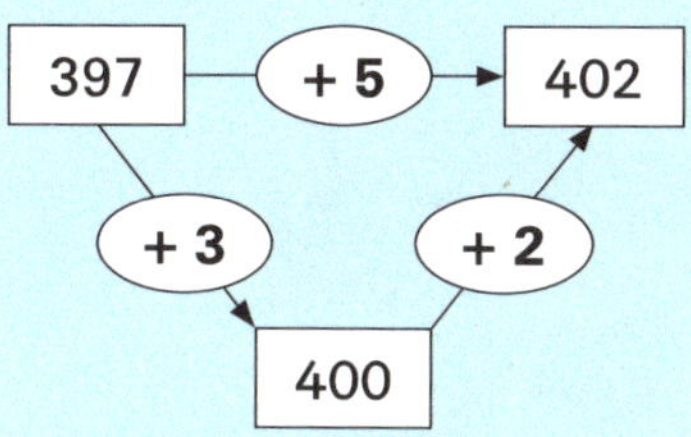

506 – **8** = ____

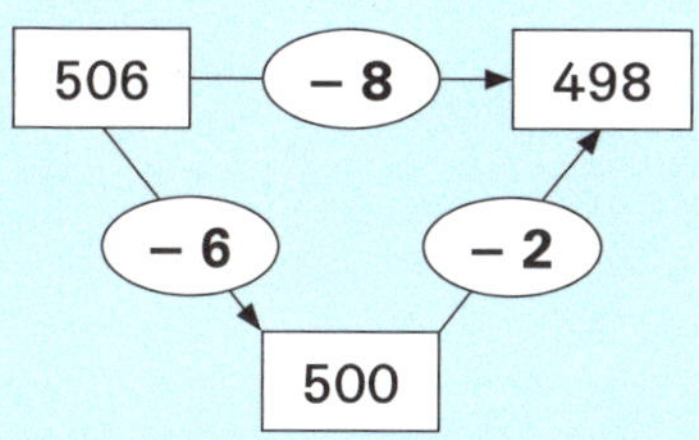

Schreibe die Rechenschritte so:

397 + 5 = 400 + 2 = 402

506 – 8 = 500 – 2 = 498

3 Berechne ebenso.

a) 297 + 8 = 300 + 5 = ____
593 + 9 = ________ = ____
896 + 5 = ________ = ____

b) 406 – 7 = 400 – 1 = ____
702 – 4 = ________ = ____
507 – 9 = ________ = ____

4 Diese Aufgaben schaffst du jetzt bestimmt im Kopf.

a) 694 + 7 = 701
396 + 8 = ______
768 + 3 = ______

b) 305 − 8 = ______
402 − 5 = ______
907 − 9 = ______

c) 495 + ______ = 503
698 + ______ = 706
597 + ______ = 602

Beispiele

Rechne wieder schrittweise:

280 + **50** = ______

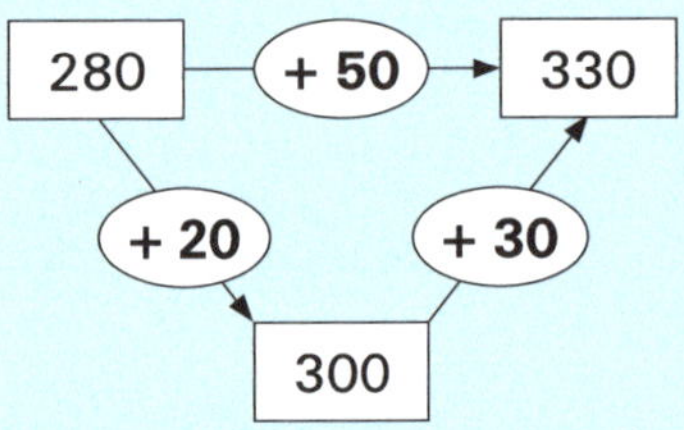

530 − **70** = ______

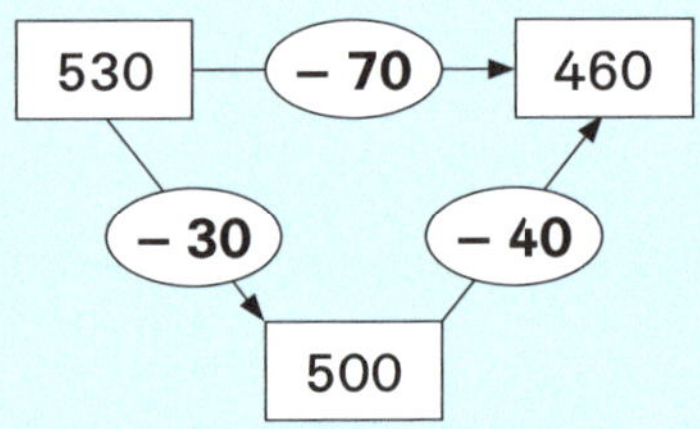

Schreibe die Rechnung so:

280 + 50 = 300 + 30 = 330

530 − 70 = 500 − 40 = 460

5 Berechne ebenso.

a) 540 + 80 = 600 + 20 = ______
360 + 70 = ______________ = ______
670 + 80 = ______________ = ______

b) 340 − 60 = 300 − 20 = ______
830 − 70 = ______________ = ______
750 − 80 = ______________ = ______

6 Schaffst du es, diese Zahlentürme auszufüllen?

a)
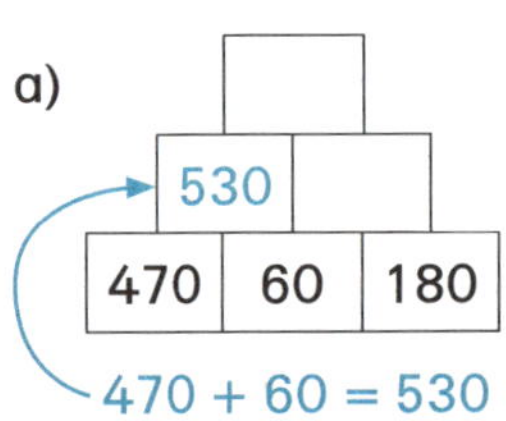

b) !
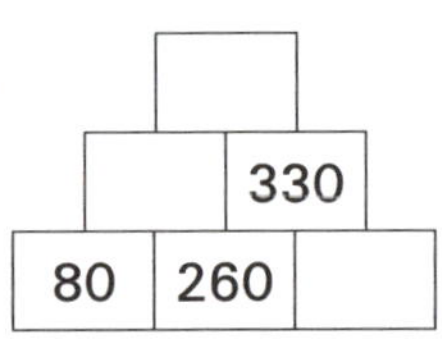

c) !
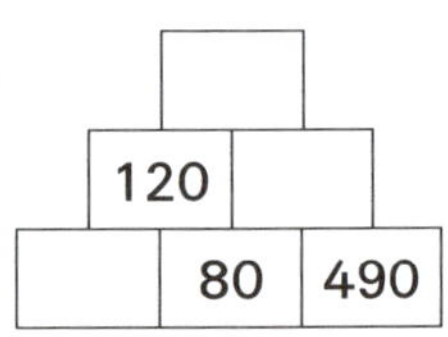

Halbschriftliche Addition und Subtraktion

Laura hat 260 Telefonkarten gesammelt. Ihr Bruder Nils schenkt ihr weitere 86. Beide berechnen, wie viele Karten Laura jetzt besitzt.

Beispiele

Sie rechnen **halbschriftlich**, indem sie die zweite Zahl geschickt zerlegen.

Laura rechnet so:

260 + **86** = 346

260 + **80** = 340
340 + **6** = 346

oder kürzer:
260 + 86 = 340 + 6 = 346

Nils rechnet so:

260 + **86** = 346

260 + **40** = 300
300 + **46** = 346

260 + 86 = 300 + 46 = 346

1 Rechne ebenso halbschriftlich auf beide Arten.

680 + 48 = ____

680 + 40 = ____
____ + ____ = ____

oder:

680 + 48 = ____

680 + 20 = ____
____ + ____ = ____

2 Rechne halbschriftlich in deinem Heft.
Wähle den Rechenweg, der dir am besten liegt.

a) 760 + 75; 390 + 84; 260 + 56
b) 540 + 86; 680 + 63; 170 + 45

Beispiele

Auch bei **Minusaufgaben** gehst du schrittweise vor.

Beispiel: 250 − 67 = ____

Rechne so: 250 − **67** = 183

250 − **60** = 190
190 − **7** = 183

kürzer: 250 − 67 = 190 − 7 = 183

oder so: 250 − **67** = 183

250 − **50** = 200
200 − **17** = 183

250 − 67 = 200 − 17 = 183

3 Rechne wieder auf beide Arten.

630 – 53 = ☐

630 – 50 = ____

____ – ____ = ____

oder:

630 – 53 = ☐

630 – 30 = ____

____ – ____ = ____

4 Rechne in deinem Heft halbschriftlich, so wie du es am besten kannst.

a) 850 – 62; 240 – 65; 920 – 46

b) 360 – 75; 450 – 56; 560 – 91

5 Jetzt werden die Aufgaben schwieriger! Benutze nur diesen Rechenweg.

a) 283 + 59 = ☐

283 + 50 = ____

____ + 9 = ____

b) 325 – 78 = ☐

325 – 70 = ____

____ – 58 = ____

6 Rechne halbschriftlich in Kurzform. Benutze nur diesen Rechenweg.

a) 474 + 59 = 524 + 9 = ____

278 + 73 = ____ = ____

898 + 45 = ____ = ____

b) 364 – 98 = 274 – 8 = ____

608 – 39 = ____ = ____

532 – 67 = ____ = ____

Beispiele

Oft kann dir eine **Nachbaraufgabe** bei der Lösung helfen. Dabei subtrahierst oder addierst du von der ersten Zahl den Betrag bis zum nächsten Zehner, und rechnest. Anschließend musst du denselben Betrag wieder zufügen oder wegnehmen.

483 + 78 = 561

– 3 ↓ ↑ + 3

480 + 78 = 558

648 – 55 = 593

+ 2 ↓ ↑ – 2

650 – 55 = 595

7 Löse ebenso.

a) 352 + 74 = ____

– 2 ↓ ↑ ____

350 + 74 = ____

b) 238 – 37 = ____

____ ↓ ↑ ____

____ – ____ = ____

Rechenvorteile bei Addition und Subtraktion

Bei vielen Aufgaben kannst du dir durch geschicktes Umstellen oder Zusammenfassen der Zahlen das Rechnen vereinfachen.

Beim Addieren kannst du die Zahlen vertauschen (**Vertauschungsgesetz**).

Beispiel:
54 + 210 = 210 + 54 = 264

1 Hier ergeben immer 3 Zahlen eine Plusaufgabe. Umkreise diese Zahlen in der gleichen Farbe. Denke beim Lösen auch an die Tauschaufgabe. Schreibe die gefundenen Aufgaben in dein Heft.

15	73	+	260	40	=	388	493
50	24		88	866		1 000	275
726	912		338	420		766	890

Beispiele

Nutze Rechenvorteile durch **geschicktes Zusammenfassen** von Zahlen.

Beispiele: **158** + 7 + **12** = **170** + 7 = 177

387 – 29 – **7** = **380** – 29 = 351

2 Fasse die 3 Zahlen in den Kreisen geschickt zusammen. Beginne mit der größten Zahl. Rechne in deinem Heft.

a) 128, 12, 9 (+)

128 + 12 + 9 = ____

b) 17, 447, 23 (+)

____

c) 259, 21, 34 (+)

____

d) 378 | 17 | 8 (−)

378 − 8 − 17 = ____

e) 33 | 24 | 574 (−)

____

f) 43 | 793 | 38 (−)

____

Beispiele

Auch bei diesen Aufgaben kannst du geschickt rechnen.

Beispiele: 359 + **27** + **43** = 359 + **70** = 429

538 + 5 − **18** = **520** + 5 = 525

3 Berechne ebenso in deinem Heft.

a) 236 + 22 + 18
524 + 38 + 22
715 + 17 + 53

b) 146 + 18 − 46
394 + 35 − 24
438 − 15 + 42

4 Prüfe bei diesen Aufgaben zunächst, wie sie zusammenhängen. Rechne sie dann erst aus. Was stellst du fest?

a) 138 + 45 = ____
(+ 2) (− 2)
140 + 43 = ____

b) 276 + 28 = ____
( ) ( )
274 + 30 = ____

c) 252 − 37 = ____
( ) ( )
250 − 35 = ____

d) 187 − 49 = ____
( ) ( )
188 − 50 = ____

5 Verwandle immer eine Zahl in eine Zehnerzahl, und löse die Aufgabe. Rechne zur Probe auch die Ausgangsaufgabe.

a) 169 + 28 = 170 + 27 = ____
346 + 39 = ____
478 + 57 = ____

b) 375 − 68 = 377 − 70 = ____
827 − 99 = ____
569 − 43 = ____

Runden und Überschlagen

Große Zahlen werden häufig gerundet. Man sucht dazu immer die näher gelegene Zehner- oder Hunderterzahl. Bei 0, 1, 2, 3, und 4 wird abgerundet. Bei 5, 6, 7, 8 und 9 wird aufgerundet.

Beispiele

Runden auf **Zehner**:

162 ≈ 160

168 ≈ 170
165 ≈ 170

Runden auf **Hunderter**:

238 ≈ 200
249 ≈ 200
250 ≈ 300
263 ≈ 300

≈ wird gelesen als **rund** (ungefähr).

1 So viele Badegäste besuchten in einer Woche das Schwimmbad. Runde die Zahlen immer auf Zehner und Hunderter.

	Mo	Di	Mi	Do	Fr	Sa	So
Besucher	256	387	412	153	316	431	548
gerundet auf Zehner	260						
gerundet auf Hunderter	300						

2 Im Schwimmbad wurden am Vormittag 238 Karten und am Nachmittag 186 Karten verkauft. Frau Schröder hat so addiert: 238 + 186 = 354

a) Prüfe durch diese Überschlagsrechnung, ob sie richtig gerechnet hat:

240 + 190 = ___________

b) Berechne nun, wie viele Karten wirklich verkauft wurden.

238 + 186 = ___________

Mit einer **Überschlagsrechnung** kann man grob die Lösung einer Aufgabe überprüfen. Man rechnet mit gerundeten Zahlen.

Beispiel:
Aufgabe: 378 + 243 = 621
Überschlag: 380 + 240 = 620

Übungen zum schriftlichen Addieren

1 Hier wurden nur die Stellenwerte weggelassen.
Rechne schriftlich.

a)

	3	1	8
+	1	2	6

b)

	2	9	6
+	4	0	6

c)

	4	7	7
+	2	8	1

d)

	6	5	4
+		9	6

Beim schriftlichen Addieren müssen die Zahlen **stellengerecht** untereinandergeschrieben werden.
Also Einer unter Einer, Zehner unter Zehner usw.

Beispiel: 471 + 38 = ______

falsch:

	4	7	1
+	3	8	
	8	5	1

richtig:

	4	7	1
+		3	8
		1	
	5	0	9

2 Schreibe die Zahlen richtig untereinander, und addiere in deinem Heft.

a) 325 + 658
b) 786 + 159
c) 309 + 256
d) 473 + 39
e) 57 + 320
f) 214 + 88

Beispiele

Rechnung: ↑

	2	8	4
+	3	5	1
	1		
	6	**3**	**5**

Probe: ↓

	2	8	4
+	3	5	1
	1		
	6	**3**	**5**

3 Welche Aufgaben wurden hier falsch gerechnet?
Prüfe durch Nachrechnen von oben nach unten, und schreibe die Aufgaben richtig in dein Heft.

a) 304 + 548 = 852
b) 689 + 257 = 965
c) 542 + 380 = 922
d) 370 + 439 = 709

4 Addiere von unten nach oben.

a)

	2	4	1
+	3	1	5
+	1	6	5 ↑

c)

	1	6	5
+	4	2	1
+		9	7

b)

	1	7	2
+	3	6	7
+	4	2	3

Für Könner!

5 Setze die fehlenden Ziffern ein.

!

a)

	4	2	1
+	3	□	6
		1	
	8	0	□

b)

	2	4	4
+	□	□	□
	4	2	2

c)

	6	0	1
+		□	9
	6	9	□

d)

	3	3	3
+	□	□	□
	6	4	2

6 Finn besitzt 265 Briefmarken. Sein Vater schenkt ihm seine Sammlung mit 734 Briefmarken. Wie viele Briefmarken hat Finn jetzt?

Für Könner!

7 Die Tabelle zeigt, wie viele Personen am Wochenende im Zirkus waren.

!

	Freitag	Samstag	Sonntag
Kinder	235	348	406
Erwachsene	196	287	324

a) Wie viele Kinder besuchten an den drei Tagen den Zirkus?

b) Wie viele Personen waren am Sonntag im Zirkus?

c) Wie viele erwachsene Besucher hatte der Zirkus am Freitag und Samstag?

Ergänzungsverfahren: Schriftliches Subtrahieren ohne Übertrag

Paul klettert auf einen Turm und zählt die Stufen.
Von 398 Stufen hat er schon 163 geschafft.
Wie viele Stufen muss er noch hochsteigen?

Beispiele

So rechnest du schriftlich: 398 – 163 = ______

Beim schriftlichen Subtrahieren durch **Ergänzen** beginnst du bei den Einern und rechnest von **unten** nach **oben**.

	H	Z	E
	3	9	8
–	1	6	3
	2	**3**	**5**

Rechne so: 3 + **5** = 8 → schreibe **5**
6 + **3** = 9 → schreibe **3**
1 + **2** = 3 → schreibe **2**

Sprich so: 3 plus 5 gleich 8
6 plus 3 gleich 9 usw.
Betone die ergänzte Zahl, und notiere sie.

1 Rechne ebenso, und übe die Sprechweise!

a)

	H	Z	E
	6	5	9
–	3	2	5

c)

	H	Z	E
	7	8	2
–	4	5	0

b)

	H	Z	E
	8	4	7
–	5	1	6

2 Lara hat zwei Aufgaben falsch gerechnet. Findest du sie?

a) 385 – 170 = 215
b) 598 – 465 = 153
c) 630 – 230 = 400
d) 378 – 200 = 578

3 Rechne diese Aufgaben schriftlich in deinem Heft.
Achte auf stellengerechte Anordnung.

a) 787 – 546
b) 898 – 75
c) 645 – 130
d) 569 – 305
e) 999 – 56
f) 376 – 36

Ergänzungsverfahren: Schriftliches Subtrahieren mit Übertrag

Simon wünscht sich einen Fotoapparat für 365 €.
Er hat schon 148 € gespart. Wie viel Euro fehlen ihm noch?

Beispiele

	H	Z	E
	3	6	5 [10]
–	1	4 [1]	8
	2	**1**	**7**

Simon rechnet so:

Weil sich 8 + ☐ = 5 nicht durch Ergänzen lösen lässt, vergrößert er die beiden Zahlen in der Tabelle um 10 Einer bzw. 1 Zehner. Der Unterschied verändert sich dadurch nicht.

Jetzt kann er so rechnen:
8 + **7** = 15
1 + 4 + **1** = 6
1 + **2** = 3

1 Rechne ebenso.

a)

	H	Z	E
	4	5	3 [10]
–	2	3 [1]	8

b)

	H	Z	E
	7	4	2
–	5	7	9

Beispiele

Kürzer subtrahierst du schriftlich so: 638 – 459 = ______

	H	Z	E
	6	3	8
–	4 [1]	5 [1]	9
	1	**7**	**9**

Rechne so:
9 + **9** = 18 → schreibe **9**, übertrage 1
1 + 5 + **7** = 13 → schreibe **7**, übertrage 1
1 + 4 + **1** = 6 → schreibe **1**

Sprich so: 9 plus 9 gleich 18, 6 plus 7 gleich 13 usw.

2 Rechne ebenso.

a)

	H	Z	E
	6	8	3
–	2	4	5

b)

	H	Z	E
	8	9	3
–	6	5	9

c)

	H	Z	E
	4	7	5
–	2	8	4

3 Du kannst bestimmt nur mit Zahlen rechnen.

a) 728 – 435 b) 813 – 549 c) 627 – 38

Abziehverfahren: Schriftliches Subtrahieren mit Übertrag

Zur Kreuzfahrt durch das Mittelmeer sind 527 Passagiere an Bord gegangen. In Neapel nehmen am Landausflug 348 Personen teil. Wie viele Passagiere sind auf dem Schiff geblieben?

Beispiele

So musst du beim **Abziehverfahren** rechnen:

	H	Z	E
	4 ~~5~~	11 ~~2~~	17 ~~7~~
–	3	4	8
	1	**7**	**9**

7 Einer minus 8 Einer geht nicht. Ich muss **wechseln**.
1 Zehner wird in 10 Einer gewechselt.
Bleibt 1 Zehner.
17 Einer minus 8 Einer gleich **9** Einer.

1 Zehner minus 4 Zehner geht nicht.
Ich muss **wechseln**.
Jetzt wird 1 Hunderter in 10 Zehner gewechselt.
Bleiben 4 Hunderter.
11 Zehner minus 4 Zehner gleich **7** Zehner.

4 Hunderter minus 3 Hunderter gleich 1 Hunderter.

1 Rechne wie im Beispiel. Streiche jeweils die durch Wechseln veränderten Beträge durch, und notiere die neuen darüber. Übe die Sprechweise. Die Aufgabe a) brauchst du nur noch zu Ende rechnen, b) und c) schaffst du alleine.

a)

	H	Z	E
			15
	7	~~2~~	~~5~~
–	4	5	7

b)

	H	Z	E
	8	2	7
–	3	4	9

c)

	H	Z	E
	4	6	2
–	1	8	9

2 Nicht in jeder Spalte musst du wechseln!

a)

	H	Z	E
	7	6	5
–	4	8	3

b)

	H	Z	E
	5	4	2
–	1	2	3

c)

	H	Z	E
	9	7	2
–	6	9	0

3 Trage diese Zahlen jeweils in eine Stellenwerttafel ein, und löse die Aufgaben.

a) 721 – 274 b) 931 – 89 c) 427 – 340

Beispiele

Kürzer subtrahierst du schriftlich so: 742 − 459 = ________

statt:

	H	Z	E
	6	13	12
	~~7~~	~~4~~	~~2~~
−	3	8	4
	3	**5**	**8**

Es werden nur noch die durch Wechseln veränderten Beträge notiert.

	6	3	
	~~7~~	~~4~~	2
−	3	8	4
	3	**5**	**8**

Rechne, und sprich so:
2 minus 4 geht nicht;
eins herüber bleibt 3;
12 minus 4 gleich **8**;

3 minus 8 geht nicht;
eins herüber bleibt 6;
13 minus 8 gleich **5**;

6 minus 3 gleich **3**

4 Rechne, und sprich ebenso.

a)

	7	2	4
−	4	3	5

b)

	8	3	1
−	3	4	5

c)

	6	7	2
−	3	7	4

5 Hier ist eine Aufgabe falsch gerechnet. Löse sie richtig.

a)

	3	6	
	~~4~~	~~7~~	3
−	1	9	8
	2	7	5

b)

	4		
	~~5~~	3	8
−	2	4	5
	2	9	3

c)

	3	1	
	~~4~~	~~2~~	7
−	1	5	4
	2	7	9

Beispiele

Rechnen mit Nullen

	7	9	
	~~8~~	~~0~~	3
−	4	2	5
	3	**7**	**8**

3 minus 5 geht nicht;
eins herüber von 0 Zehnern geht nicht;
eins herüber, von 8 Hundertern bleiben 7 Hunderter;
eins herüber, von 10 Zehnern bleiben 9 Zehner;
13 minus 5 gleich **8**;

9 minus 2 gleich **7**;

7 minus 4 gleich **3**

Für Könner!

6 Das schaffst du auch! Rechne, und übe die Sprechweise.

a) 704 − 536 b) 601 − 255 c) 302 − 174

Geschicktes Multiplizieren und Dividieren (Kopfrechnen)

Die 10-ct-Münzen sollen in 1-ct-Münzen und umgekehrt die 1-ct-Münzen in 10-ct-Münzen umgetauscht werden. Mit der Stellenwerttafel geht das sehr einfach.

Umwechseln von 35 10-ct-Münzen in Cent:

	H	Z	E
		3	5
	3	5	0

Umwechseln von 480 Cent in 10-ct-Münzen:

	H	Z	E
	4	8	0
		4	8

Wenn du **mit 10 multiplizierst**, verschieben sich die Ziffern im Ergebnis um **eine Stelle nach links**.

Wenn du **durch 10 dividierst**, verschieben sich die Ziffern im Ergebnis um **eine Stelle nach rechts**.

1 Auch diese Aufgaben kannst du problemlos lösen!

a) 31 · 10 = ______
49 · 10 = ______
60 · 10 = ______

b) 530 : 10 = ______
720 : 10 = ______
800 : 10 = ______

c) 270 : 10 = ______
86 · 10 = ______
400 : 10 = ______

Wenn du mit Zehnerzahlen multiplizierst oder Zahlen mit einer Null am Ende durch eine Zahl dividierst, rechne im Kopf die **einfachere Aufgabe** ohne Null am Ende. Füge sie dem Ergebnis dann wieder hinzu.

Beispiele:

4 · 7 = 28 45 : 9 = 5

4 · 70 = 280 **450 : 9 = 50**

2 Rechne wie im Beispiel, notiere aber nur das Ergebnis.

a) 8 · 90 = ______
7 · 50 = ______
4 · 60 = ______

b) 490 : 7 = ______
720 : 8 = ______
180 : 6 = ______

c) 7 · 80 = ______
420 : 6 = ______
5 · 60 = ______

3 Rechne ebenso, notiere aber jeweils nur das Ergebnis.

a) 350 : 70 = ____
720 : 80 = ____
150 : 50 = ____

b) 560 : 80 = ____
540 : 60 = ____
810 : 90 = ____

Bei solchen Aufgaben darfst du beide Nullen streichen.

Beispiel:
28~~0~~ : 7~~0~~ = 28 : 7 = 4

4 Fülle die Tabellen aus.

a)

:	40	10	60
240	6		
360			

b)

·	80	70	90
5	400		
7			

5 Ergänze die fehlenden Zahlen.

a) 360 : 60 = 36 : ____
720 : 60 = 72 : ____

b) 280 : 40 = 140 : ____
560 : 80 = 280 : ____

c) 60 · 5 = 30 · ____
120 · 5 = 60 · ____

Für Könner!

6 Bei diesen Aufgaben musst du aufpassen.

!

a) 490 : 70 = ______
490 : 7 = ______

b) 540 : 90 = ______
540 : 9 = ______

c) 240 : 30 = ______
240 : 3 = ______

Multiplizieren durch Zerlegen

1 Timo und Tina stehen im Supermarkt vor dem Regal mit dem leckeren Honig. Wie viele Honiggläser mögen das sein?

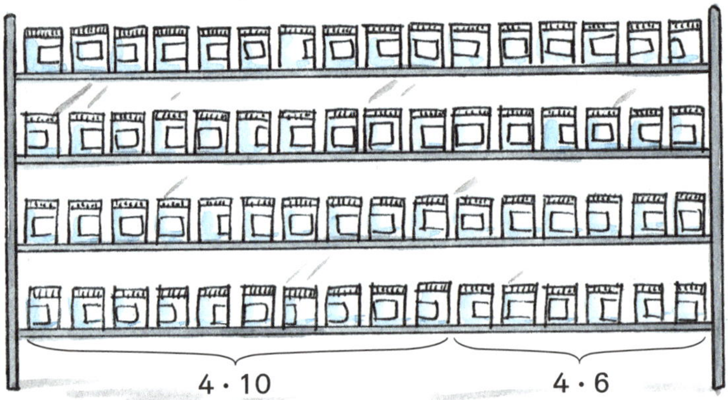

Ingo überlegt so:
4 Reihen, in jeder Reihe 16 Gläser,

also:

$$\begin{array}{r} 16 \\ +\ 16 \\ +\ 16 \\ +\ 16 \\ \hline \square \end{array}$$

Tina rechnet so:

$4 \cdot 16 = 4 \cdot 10 + 4 \cdot 6$

$4 \cdot 16 = \quad 40 \quad + \quad 24$

$4 \cdot 16 = \square$

Führe die Rechnungen zu Ende.

Wie viele Gläser sind es? ____________________

Beispiele

Viele Multiplikationsaufgaben kannst du wie Tina durch geschicktes Zerlegen rechnen.

Aufgabe: 7 · 36 = ______

Rechne so:

7	·	3	6	=	?		
7	·	3	0	=	2	1	0
7	·		6	=		4	2
7	·	3	6	=	2	5	2

(+)

36 = 30 + 6

Zerlege die 36 in Zehner und Einer, und multipliziere schrittweise.

oder kürzer:
7 · 36 = 210 + 42 = 252

2 Rechne ausführlich wie im Beispiel.

a) 9 · 45 = ?

____

____

9 · 45 = ________

b) 8 · 72 = ?

____

____

8 · 72 = ________

c) 6 · 84 = ?

____

____

6 · 84 = ________

Dividieren durch Zerlegen

4 Kinder wollen sich eine Tüte mit 92 Bonbons teilen. Wie viele Bonbons erhält jedes Kind? Die Aufgabe 92 : 4 = ? kannst du leichter lösen, wenn du die erste Zahl geschickt zerlegst.

Beispiele

Aufgabe: 92 : 4 = ______

Rechne so: **92 = 80 + 12**

9	2	:	4	=		
8	0	:	4	=	2	0
1	2	:	4	=		3
9	2	:	4	=	2	3

(20 + 3)

Zerlege die erste Zahl 92 so, dass die beiden Zerlegungszahlen ohne Rest durch 4 teilbar sind.

oder kürzer:
92 : 4 = 20 + 3 = 23

1 Rechne nun die Aufgaben ausführlich wie im Beispiel.

a) 84 : 7 = ?
70 : 7 = ______
14 : 7 = ______
84 : 7 = ______

b) 78 : 6 = ?

c) 64 : 4 = ?

d) 87 : 3 = ?

Für Könner!

2 Versuche die Kurzschreibweise!

192 : 6 = 30 + 2 = ______
57 : 3 = ______ + ______ = ______
104 : 4 = ______ + ______ = ______
117 : 9 = ______ + ______ = ______

Beispiele

Aufgabe: 258 : 6 = ______

240 : 6 = 40
18 : 6 = 3
258 : 6 = 43

Probe: 43 · 6 = ______

40 · 6 = 240
3 · 6 = 18
43 · 6 = 258

oder kürzer:
258 : 6 = 40 + 3 = 43

43 · 6 = 240 + 18 = 258

Dividieren mit Rest

Nicht jede Divisionsaufgabe geht auf. Häufig bleibt beim Dividieren ein Rest.

Beispiele

Dividiere wieder durch geschicktes Zerlegen:

Aufgabe: 172 : 5 = ______

Rechne so: → **172 = 150 + 22**

1	7	2	:	5	=	?				
1	5	0	:	5	=	3	0			+
	2	2	:	5	=		4	**R**	**2**	
1	7	2	:	5	=	3	4	**R**	**2**	

Du siehst, dass du hier nicht alle Zerlegungszahlen ohne Rest durch 5 teilen kannst.

Achtung! Es gibt **verschiedene Restschreibweisen** beim Dividieren (siehe S. 14). Schreibe den Rest so, wie du es in der Schule gelernt hast.

1 Rechne ebenso.

94 : 7 = ? ______   89 : 6 = ? ______   138 : 4 = ? ______

70 : 7 = ______   ______   ______

24 : 7 = ___ R ___   ______   ______

94 : 7 = ______   ______   ______

2 Rechne im Heft.

a) 105 : 9
241 : 5
725 : 8

b) 617 : 9
99 : 4
405 : 7

Beispiele

So kannst du das Ergebnis jeder Aufgabe kontrollieren:

172 : **5** = **34** [R 2] → **34 · 5** [+ 2] = 172

Für Könner!

3 Welche Aufgaben sind hier falsch? Berichtige sie. Rechne im Heft.

a) 95 : 8 = 11 R 7
b) 76 : 3 = 21 R 5
c) 83 : 6 = 23 R 5
d) 181 : 5 = 35 R 3
e) 225 : 4 = 56 R 1
f) 611 : 9 = 68 R 7

Gemischte Übungen

1 Wer versteckt sich hier? Rechne die Aufgaben.
Die Ergebnisse der Aufgaben findest du in der Abbildung.
Male die entsprechenden Felder in einer Farbe aus.

85 + 30 = ____	320 − 80 = ____	9 · 23 = ____
210 − 40 = ____	127 + 34 = ____	42 + 60 = ____
36 · 8 = ____	282 − 25 = ____	618 : 3 = ____
720 : 9 = ____	68 · 7 = ____	75 · 5 = ____

25 + 35 = ____
180 − 17 = ____
24 · 6 = ____
328 : 4 = ____
680 : 8 = ____
240 − 60 = ____
7 · 70 = ____
945 : 9 = ____
350 + 70 = ____

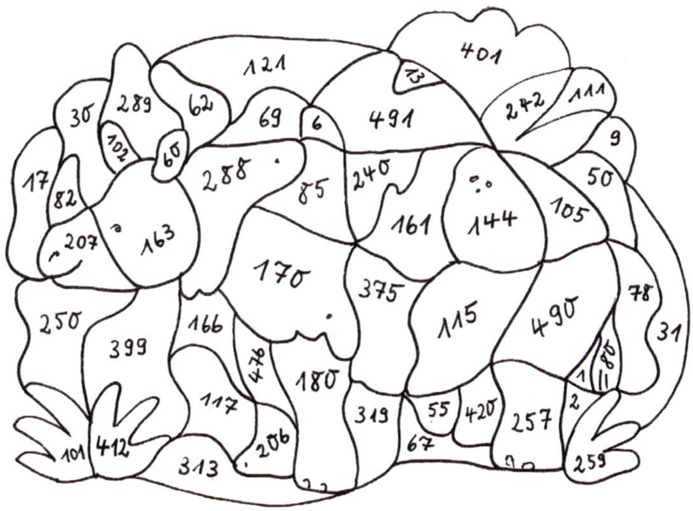

2 Kannst du dieses Kreuzzahlrätsel lösen?
Trage die Ergebnisse in die entsprechenden Felder ein.
In jedes Feld gehört nur eine Ziffer.

waagerecht: →

A 440 : 4 = 110
D 19 · 5 = ?
E 3 Tage = ? Stunden*
F ? · 6 = 204
G 549 : 9 = ?
H 240 : 40 = ?
J 4 Stunden = ? Minuten*

A 1	B 1	0	■	C
D		■	E	
	■	F		■
■	G		■	H
I	■	J		

senkrecht: ↓

A 28 Wochen = ? Tage*
B 120 : 8 = ?
C 8 · ? = 256
E ? · 3 = 222
F 78 · 4 = ?
H 5 Jahre = ? Monate*
I 49 Tage = ? Wochen*

* Die Umwandlungstabellen für die Zeiteinheiten findest du auf den Seiten 94 und 98.

Rechnen mit Geldwerten

Schinken

2,65 €

Butter

1,05 €

Pfirsiche

1,25 €

Milch

0,81 €

Joghurt

0,39 €

1 Nina kauft für ihre Mutter ein: 1 Paket Schinken, 1 Stück Butter, 1 Dose Pfirsiche und 1 l Milch. Sie hat 10 € mitgenommen. Reicht das Geld?

BILLI-MARKT	
Schinken	2,65
Butter	1,05
Pfirsiche	1,25
Milch	0,81
Summe	5,76

a) Nina überschlägt, wie viel der Einkauf kosten wird:

3 € + 1 € + 1 € + 1 € = ________ €

b) Der genaue Betrag steht auf dem Kassenbon. Prüfe, ob richtig gerechnet wurde.

c) Wie viel Geld bekommt Nina zurück?

Subtrahiere schriftlich:

	1	0,	0	0	€
−		5,	7	6	€
		,			

So rechnest du mit Kommazahlen:

	3	8,	2	7	€
+		6,	3	3	€
+	1	2,	2	1	€
	5	6,	8	1	€

	2	8,	9	4	€
−		9,	3	8	€
	1	9,	5	6	€

Schreibe **Komma unter Komma**, und addiere bzw. subtrahiere wie bisher. Vergiss nicht, im Ergebnis das Komma zu setzen.

2 a) Tim kauft ein Paket Schinken und einen Becher Joghurt. Wie viel muss er bezahlen?

b) Er bezahlt mit einem 10-€-Schein. Wie viel Euro bekommt er zurück?

Für Könner!

3 Sabrina hat 5 € dabei und kauft 1 l Milch, 1 Paket Butter und 1 Becher Joghurt. Reicht das Geld? Überschlage, und rechne dann.

4 Rechne schriftlich in deinem Heft. Überprüfe deine Ergebnisse mit einer Überschlagsrechnung.

a) 24,58 € + 16,07 €
138,40 € + 75,13 € + 28,57 €
315,05 € + 16,40 € + 0,79 €

b) 88,96 € – 30,15 €
140,80 € – 62,98 €
269,07 € – 8,90 €

5 a) Mario kauft sich einen Tischtennisschläger für 38 € und Bälle für 4,99 €. Wie viel muss er bezahlen?

b) Er bezahlt mit 100 €. Wie viel € erhält er zurück?

6 Im Sportgeschäft wurden die Preise kräftig heruntergesetzt.

	Inlineskates	**Tennisschläger**	**Fußballschuhe**
alter Preis	98,90 €	186,00 €	85,50 €
neuer Preis	49,95 €	99,50 €	39,90 €
Ersparnis			

a) Wie viel Geld spart man bei jedem Artikel? Trage die Beträge in die Tabelle ein.

b) Christian kauft sich Inlineskates und einen Tennisschläger. Wie viel Euro muss er jetzt bezahlen?

c) Wie viel Geld hat er gespart?

Für Könner!

7 Anja hat 238 € gespart. Sie möchte sich einen Fotoapparat für 298,50 € kaufen. Ihre Oma gibt ihr 50 € dazu.
Wie viel Geld fehlt ihr noch?

Für Könner!

8 a) Kevin kauft sich im Supermarkt ein Eis für 1,40 €, eine Milchschnitte für 49 ct und einen Apfel für 25 ct. Wie viel muss er bezahlen? Verwandle vor dem Rechnen alle Angaben in Euro.

b) Er bezahlt mit einem 10-€-Schein. Wie viel Geld erhält er zurück?

Rechnen mit Kilometern, Metern und Zentimetern

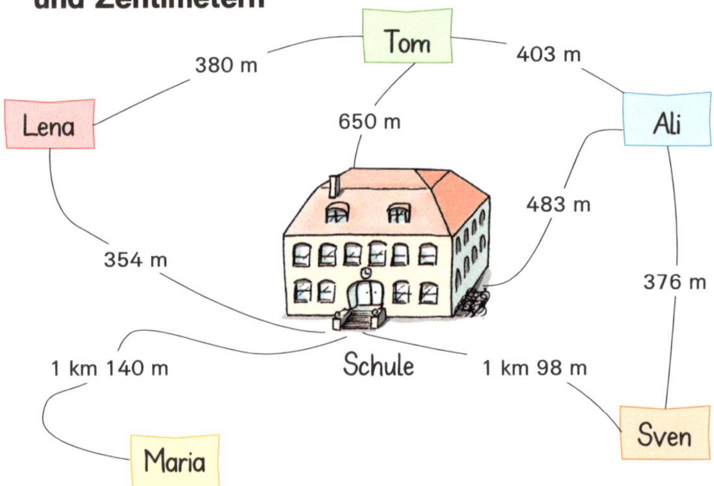

Große Entfernungen (Längen) misst man in **Kilometern (km)**.

Merke dir:
1 km = 1 000 m

1 Die Kinder haben unterschiedlich lange Schulwege.

a) Trage die Länge der Wege in die Stellenwerttafel ein, und schreibe in m.

	km	100 m	10 m	1 m	Schulweg in m
Maria	1	1	4	0	1 140
Lena		3	5	4	
Sven					
Ali					
Tom					

b) Welches Kind hat den kürzesten Schulweg?

c) Tom geht nicht direkt zur Schule, sondern holt noch Lena ab. Wie lang ist sein Weg?

! d) Wie weit hat es Sven zur Schule, wenn er Ali abholt?

e) Wie lang ist der kürzeste Weg von Lena zu Ali?

2 Ergänze auf einen Kilometer.

a) 320 m + 680 m = 1 000 m = 1 km
785 m + ______ = ______ = 1 km
466 m + ______ = ______ = 1 km

b) 400 m + ______ = 1 km
374 m + ______ = 1 km
89 m + ______ = 1 km

3 Beim Weitsprung sind die 5 Kinder diese Weiten gesprungen:

Enrico: 3 m 12 cm; **Patrick:** 2 m 68 cm; **Julia:** 3 m 5 cm;
Tina: 2 m 99 cm; **Mika:** 3 m.

Trage die Längen in die Tabelle ein, und schreibe mit Komma.

	1 m	10 cm	1 cm	mit Komma
Enrico	3	1	2	3,12 m
Patrick				
Julia				
Tina				
Mika				

4 Marco hat aus einem Lexikon die Größe verschiedener Tiere herausgeschrieben.

a) Schreibe alle Angaben in m und cm in die Tabelle.

b) Welches ist das größte und welches das kleinste Tier?

Braunbär	2,25 m	2 m 25 cm
Elefant	3,50 m	
Giraffe	6 m	
Hase	0,70 m	
Maus	0,11 m	

Das musst du wissen:
1 m = 100 cm

Das **Komma trennt** m und cm.
2,43 m = 2 m 43 cm

5 Schreibe mit Komma.

a) 4 m 68 cm = 4,68 m
9 m 30 cm = ____ m
3 m 4 cm = ____ m

b) 607 cm = ____ m
1 000 cm = ____ m
150 cm = ____ m

c) ! 18 cm = ____ m
270 cm = ____ m
9 cm = ____ m

Rechnen mit Stunden, Minuten und Sekunden

Zu jeder Zeigerstellung auf der Uhr kannst du zwei Uhrzeiten ablesen, je nachdem, ob es morgens oder abends ist.

1 Welche Uhrzeiten werden hier angezeigt?

8.15 Uhr	______	______	______
20.15 Uhr	______	______	______

2 Ordne den Uhren die richtigen Kärtchen zu.

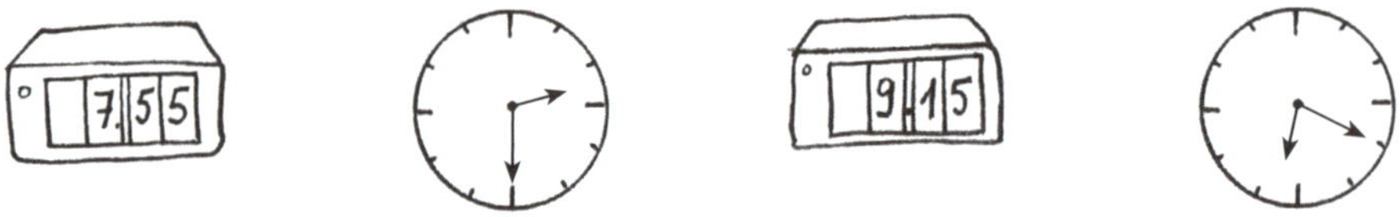

halb drei	zwanzig nach sechs	fünf vor acht	Viertel nach neun

Zeitspannen werden in **Stunden (h)**, **Minuten (min)** und **Sekunden (s)** gemessen.

1 Stunde = 60 Minuten (1 h = 60 min)
1 Minute = 60 Sekunden (1 min = 60 s)

So wandelst du **Stunden in Minuten** um:
2 h 20 min = 2 · 60 min + 20 min
= 120 min + 20 min = 140 min

3 Wandle ebenso in Minuten um. Rechne in deinem Heft. Notiere hier nur die Ergebnisse.

a) 3 h = 180 min
5 h = ______
10 h = ______
7 h = ______

b) 1 h 40 min = ___ min
3 h 16 min = ______
2 h 45 min = ______
4 h 7 min = ______

c) $\frac{1}{2}$ h = 30 min
$\frac{1}{4}$ h = ______
$\frac{3}{4}$ h = ______
$1\frac{1}{2}$ h = ______

Jetzt wird es schwieriger! Wie viele Stunden und Minuten sind es?

Beispiele

180 min = 3 h

180 : 60 = 3

350 min = 300 min + 50 min = 5 h 50 min

300 : 60 = 5

4 Rechne ebenso. Schreibe hier nur die Ergebnisse auf.

a) 60 min = ___ h
240 min = ___ h
600 min = ___ h

b) 80 min = ___ h ___ min
100 min = ___ h ___ min
310 min = ___ h ___ min

5 Wie viele Sekunden fehlen bis zu einer Minute?

a) 43 s + 17 s = 60 s = 1 min
30 s + ___ s = 60 s = 1 min

b) 8 s + ___ = 1 min
53 s + ___ = 1 min

6 Auch das Umwandeln von Minuten in Sekunden dürfte dir keine Schwierigkeiten bereiten. Bedenke: 1 min = 60 s.

a) 8 min = 8 · 60 s = ___ s
4 min = ___ · ___ s = ___ s
6 min = ___ · ___ s = ___ s

b) 3 min 30 s = 180 s + 30 s = ___ s
7 min 26 s = ___ = ___ s
2 min 5 s = ___ = ___ s

7 Wandle in Minuten und Sekunden um. Denke wieder an das Einmaleins der 60!

a) 120 s = 2 min
240 s = ___
540 s = ___

b) 235 s = 180 s + 55 s = 3 min 55 s
140 s = ___ = ___
98 s = ___ = ___

Zeitpunkte und Zeitspannen

Beispiele

Martin will mit dem Bus zur Schule fahren. Es ist jetzt 7.15 Uhr, und der Bus kommt erst um 7.35 Uhr. Wie lange muss Martin warten? Löse so:

7.15 Uhr 7.35 Uhr

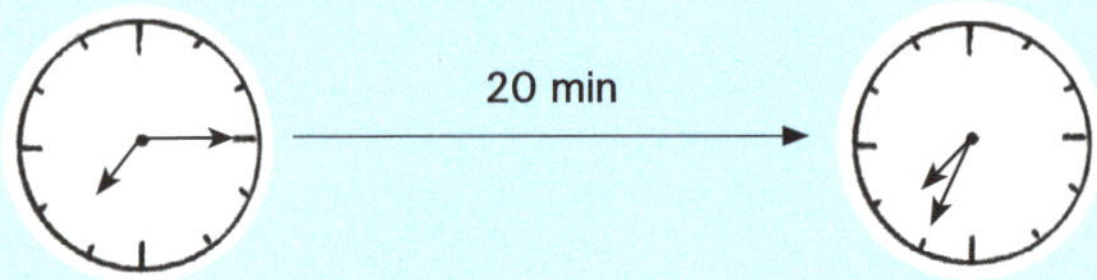

Zeitpunkt Zeitspanne Zeitpunkt

7.15 Uhr und 7.35 Uhr sind **Zeitpunkte**. Die Zeit, die verstreicht (20 min), nennt man **Zeitspanne** oder **Zeitdauer**.

1 Welche Zeitspanne ist hier jeweils verstrichen?

a) 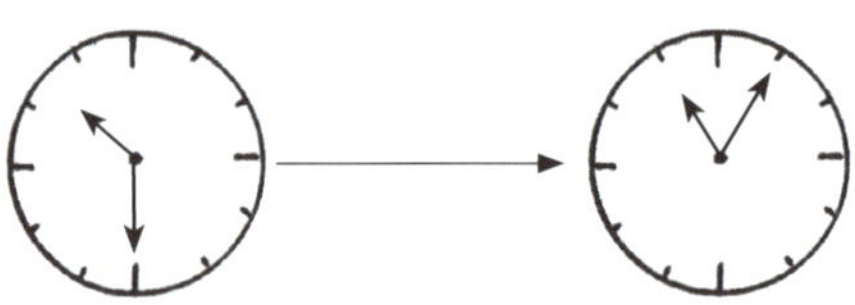

b) 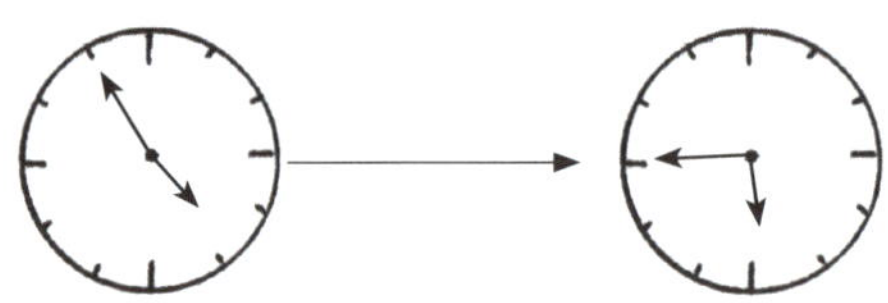

________ vormittags ________ ________ nachmittags ________

Fernsehprogramm

13.35 Fünf Freunde
14.00 Philipps Tierstunde
14.55 Boing
15.30 Tigerenten Club
15.55 1, 2 oder 3

2 Lena darf jeden Tag eine Sendung im Fernsehen anschauen. Heute wählt sie die längste aus. Welche ist das?

a) Berechne von jeder Fernsehsendung die Dauer.

Fünf Freunde:	13.35 Uhr	25 min →	14.00 Uhr
Philipps Tierstunde:	14.00 Uhr	__ min →	14.55 Uhr
Boing:	14.55 Uhr	__ min →	______
Tigerenten Club:	______	__ min →	______

b) Welche Sendung wählt Lena also aus?

Zeitspannen kannst du auch mit einem Rechenstrich berechnen.

Beispiele

Ein Flugzeug startet um 11.40 Uhr in Hamburg und landet um 13.10 Uhr in Paris. Wie lange dauert der Flug?

So kannst du die **Zeitspanne** berechnen:

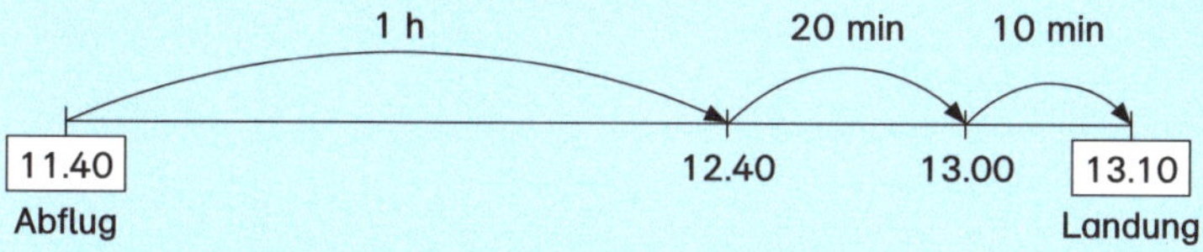

Flugzeit: 1 h + 20 min + 10 min = 1 h 30 min

3 Wie lange dauert der Rückflug, wenn das Flugzeug um 21.45 Uhr in Paris abfliegt und um 23.25 Uhr in Hamburg ankommt? Zeichne, und rechne in deinem Heft wie im Beispiel.

Wenn du einen Zeitpunkt und eine Zeitspanne kennst, kannst du auch den zweiten **Zeitpunkt** am Rechenstrich bestimmen.

Beispiele

Ella beginnt um 14.30 Uhr mit ihren Hausaufgaben. Nach 45 Minuten ist sie fertig. Wie spät ist es dann?

So ermittelst du den **Zeitpunkt**:

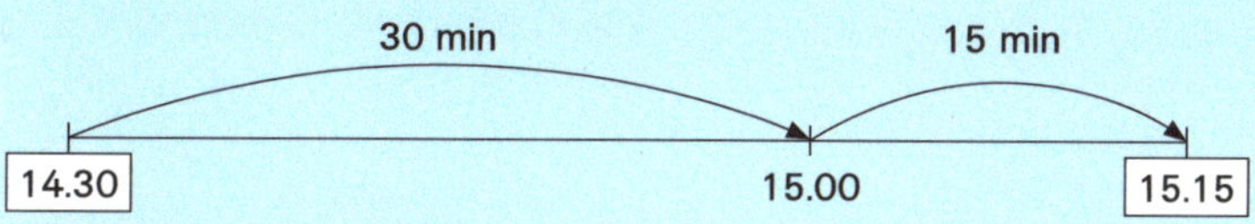

Es ist dann 15.15 Uhr.

4 Um welche Uhrzeit war Ella täglich mit den Hausaufgaben fertig? Rechne wie im Beispiel.

	Montag	Dienstag	Mittwoch	Donnerstag	Freitag
Beginn	16.50 Uhr	15.40 Uhr	14.15 Uhr	15.20 Uhr	13.45 Uhr
Dauer	45 min	55 min	40 min	1 h 15 min	33 min
Ende					

Rechnen mit Kilogramm und Gramm

Für Könner!

1 Gib in Kilogramm und Gramm an.

!

1 217 g = 1 kg 217 g

1 038 g = ____________

1 080 g = ____________

1 100 g = ____________

1 007 g = ____________

Leichte Gegenstände gibt man in **Gramm (g)**, schwere in **Kilogramm (kg)** an.

1 kg = 1 000 g

2

Mehl

1 kg

Kaffee

500 g

Butter

250 g

Schokolade

100 g

a) Wie viel kg und g wiegen alle Lebensmittel zusammen?

________ kg ________ g

b) Tom kauft 1 Paket Kaffee, 1 Stück Butter und 2 Tafeln Schokolade. Wie viel Gramm wiegt sein Einkauf?

c) Frau Basso macht einen Großeinkauf: Sie kauft 5 Pakete Mehl und 4 Pakete Butter. Wie viel Kilogramm muss sie tragen?

3 Färbe gleiche Gewichte mit derselben Farbe ein.

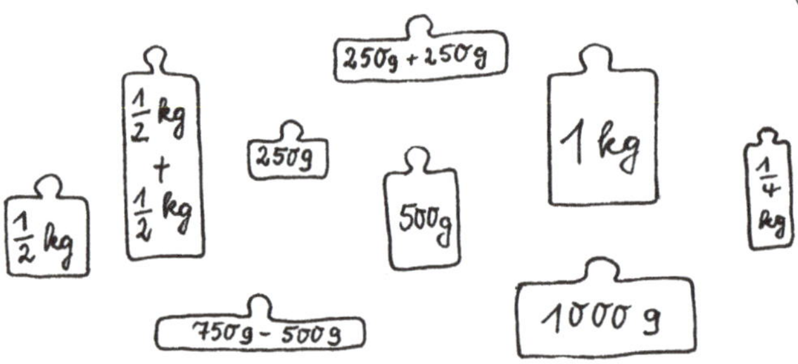

Auch diese Angaben solltest du kennen:

$\frac{1}{2}$ kg = 500 g

$\frac{1}{4}$ kg = 250 g

4 Wie viel Gramm fehlen bis zu einem Kilogramm?

1 kg	280 g	400 g	890 g	375 g	709 g	$\frac{1}{2}$ kg	$\frac{1}{4}$ kg
	720 g						

Rechnen mit Rauminhalten

Hier ist das Fassungsvermögen einiger Gefäße angegeben:

1 Wie oft passt jeweils der Inhalt der folgenden kleineren Gefäße in die Gießkanne?

a) Der Inhalt eines Eimers passt ____-mal in die Gießkanne.

b) Der Inhalt einer Milchtüte passt ____-mal in die Gießkanne.

c) Der Inhalt eines Kakaopäckchens passt ____-mal in die Gießkanne.

d) Der Inhalt eines Sahnepäckchens passt ____-mal in die Gießkanne.

Für Könner!

2 Wie viele ganze Flaschen Wasser kannst du in die Gießkanne einfüllen?

3 Wie viel ml musst du jeweils ergänzen oder abziehen, um immer 250 ml zu erhalten?

470 ml − 220 ml = 250 ml

360 ml __________ = 250 ml

117 ml __________ = 250 ml

1 l __________ = 250 ml

13 ml __________ = 250 ml

Merk's dir!

Rauminhalte werden in **Litern (l)** und **Millilitern (ml)** gemessen.

1 l = 1 000 ml

Für Könner!

4 Aus einem 500-l-Weinfass werden nacheinander 63 l, 152 l und 180 l Wein abgefüllt.

a) Wie viel Liter werden insgesamt abgefüllt?

b) Wie viel Liter sind noch im Fass?

Für Könner!

5 Herr Mayer überprüft den Heizölverbrauch seiner Ölheizung. Im November verbrauchte er 220 l, im Dezember 356 l und im Januar 267 l.

a) Wie viel Liter Öl wurden in den 3 Monaten verbraucht?

b) Es waren 1 000 l im Tank. Wie viele Liter sind es jetzt noch?

Sachaufgaben haben Signalwörter

In einigen Kapiteln dieses Buches sind dir immer wieder Aufgaben in Textform begegnet. Wenn du diese Texte genau liest, verraten dir **Wörter**, wie du die Aufgabe lösen sollst. Solche Wörter heißen auch **Signalwörter**.

1 Pierre bekommt von seinem Vater 2 € Taschengeld.
Seine Oma gibt ihm **zusätzlich** noch einen Euro.
Wie viel Euro hat er **insgesamt** bekommen?

Du wirst die Frage ohne Rechnung direkt beantworten können. Du hast im Kopf die beiden Beträge **addiert**. Die fett gedruckten Wörter verraten dir die Rechenart. Schreibe die Rechnung doch einmal auf:

Rechnung: ______________________________

Antwort: ______________________________

2 Nina hat 217 € gespart. Für ein neues Fahrrad will sie 150 € **ausgeben**. Wie viel Euro bleiben Nina dann noch **übrig**?

„Um diese Aufgabe zu lösen, muss ich *plus, minus, mal, geteilt* rechnen."

a) Unterstreiche den passenden Begriff.

b) Rechnung: ______________________________

Antwort: ______________________________

3 Emily wiegt genau 30 kg. Ihr Vater ist **dreimal** so schwer.
Wie viel wiegt Emily's Vater?

„Um diese Aufgabe zu lösen, muss ich *plus, minus, mal, geteilt* rechnen."

a) Unterstreiche den passenden Begriff.

b) Rechnung: ______________________________

Antwort: ______________________________

4 Tom hat von einem Freund 216 Sticker geschenkt bekommen.
Nun will er sie für sich und seine beiden Brüder gerecht **aufteilen**.

„Um diese Aufgabe zu lösen, muss ich *plus, minus, mal, geteilt* rechnen."

a) Unterstreiche den passenden Begriff.

b) Rechne im Heft, und schreibe die Antwort auf.

5 Selina hat Durst. Sie gießt sich aus einer vollen Flasche Wasser **200 ml** in ein Glas und trinkt es aus. Kurz danach trinkt sie **weitere 75 ml** Wasser. Wie viel ml Wasser sind nun **noch** in der Flasche?

„Um diese Aufgabe zu lösen, muss ich *plus, minus, mal, geteilt* rechnen."

a) Unterstreiche die passenden Begriffe.

b) Rechne jetzt die Aufgabe in deinem Heft. Vergiss nicht, auch einen Antwortsatz aufzuschreiben.

6 Beim Schulfest wurden am Würstchenstand **308 €** eingenommen, im Café waren es **260 €**. Die **Gesamteinnahmen** sollen auf **acht** Klassen **verteilt** werden.

„Um diese Aufgabe zu lösen, muss ich *plus, minus, mal, geteilt* rechnen."

a) Unterstreiche die passenden Begriffe.

b) Nimm dein Heft, und rechne nun die Aufgabe. Schreibe anschließend einen Antwortsatz auf.

Für Könner!

7 Der Waldarbeiter sägt von einem 19 m langen Baumstamm ein 5 m langes Stück ab. Den restlichen Stamm schneidet er in zwei genau gleich lange Teile, damit sie auf den Lkw passen. Wie lang sind die Teilstücke?

a) Unterstreiche die Signalwörter in diesem Text, die dir verraten, welche Rechenarten du anwenden sollst.

b) Rechne anschließend im Heft, und schreibe auch einen Antwortsatz.

Rechnen mit Tabellen

Das Rechnen in **Tabellen** ist bei schwierigeren Sachaufgaben **oft hilfreich**. Werte, die zusammengehören (z. B. Anzahl von Trinkpäckchen und der Preis für die Trinkpäckchen), kannst du in eine Tabelle eintragen und so leicht auf weitere Werte schließen.

1 a) Ninas Mutter will für die Geburtstagsfeier 9 Trinkpäckchen kaufen. Im Laden gibt es je 3 Stück zu 2,16 €. Wie viel kosten die 9 Trinkpäckchen? Fülle die Rechentabelle aus.

9 Päckchen sind 3 · 3 Päckchen.

Trinkpäckchen	Preis (€)
3	2,16
9	

Also sind 9 Päckchen auch 3-mal so teuer.

Tabellen helfen dir auch, verschiedene Preise miteinander zu vergleichen, um z. B. herauszufinden, welches Angebot günstiger ist.

b) In einem anderen Geschäft entdeckt Ninas Mutter Trinkpäckchen, die für 68 ct pro Stück angeboten wurden. Wo sind die Päckchen billiger? Fülle die Rechentabelle aus.

3 Päckchen sind 3 · 1 Päckchen.

Trinkpäckchen	Preis (€)
1	0,68
3	

Also sind 3 Päckchen auch 3-mal so teuer.

Nun kannst du Ninas Mutter sicher einen guten Tipp geben, in welchem Laden sie günstiger einkaufen kann.

2 Marie braucht von zu Hause bis zum Schwimmbad mit dem Fahrrad 10 Minuten. Das sind 3 km. Jan muss 12 km fahren und schafft die Strecke in 45 Minuten. Wer fährt schneller? Fülle die Tabelle aus und berechne, wie lange Marie für 12 km brauchen würde.

Marie:

Strecke (km)	Zeit (h)
3	10
6	
12	

Diagramme und Schaubilder

Diagramme oder Schaubilder **enthalten Informationen**, die du zur Lösung von Aufgaben nutzen kannst. Es gibt verschiedene Arten von Diagrammen. Hier lernst du Säulen- und Balkendiagramme kennen.

1 Max hat an 5 aufeinanderfolgenden Tagen die Autos gezählt, die zwischen 15 und 16 Uhr an seinem Fenster vorbeigefahren sind. Das Ergebnis hat er in einem Säulendiagramm dargestellt.

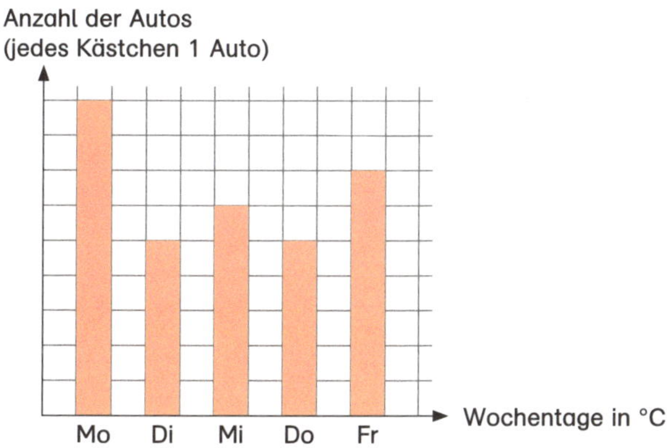

a) Wie viele Autos sind insgesamt an diesen Tagen vorbeigefahren?

b) An welchem Tag waren es die meisten Autos?

2 Lisa hat die ungefähren Einwohnerzahlen der fünf Dörfer in ihrer Umgebung in einem Balkendiagramm festgehalten. Ein Kästchen stellt dabei 150 Einwohner dar.

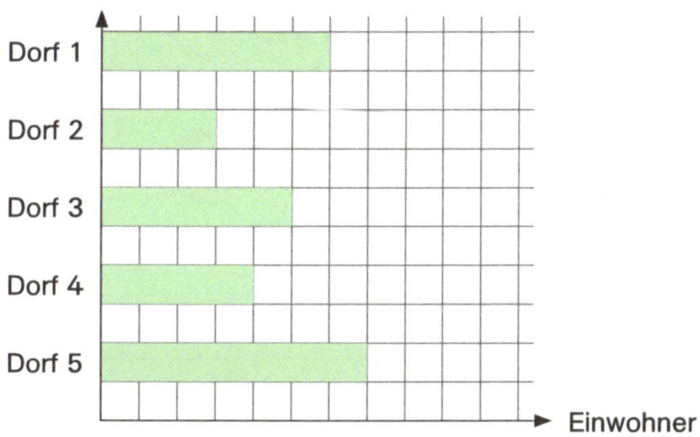

a) Wie viele Einwohner hat Dorf 4 weniger als Dorf 5?

b) Dorf 5 hat so viele Einwohner wie Dorf ____ und Dorf ____ zusammen.

Symmetrische Figuren

Beispiele

Ist die Figur symmetrisch?

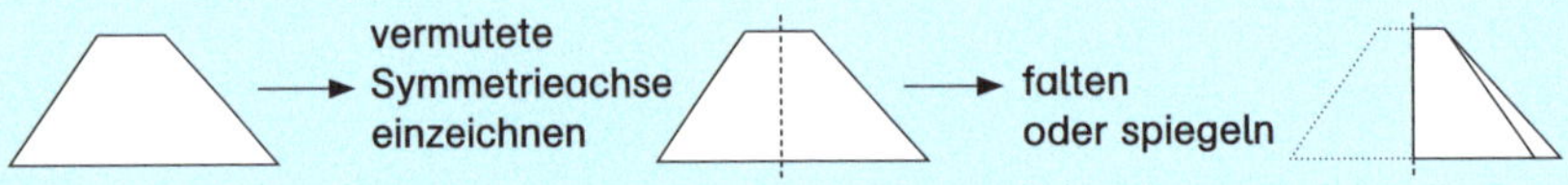

Ergebnis: Beide Figurenteile decken sich nicht.
Dieses Viereck ist **nicht symmetrisch**.

1 Versuche, auch hier jeweils eine Symmetrieachse einzuzeichnen.

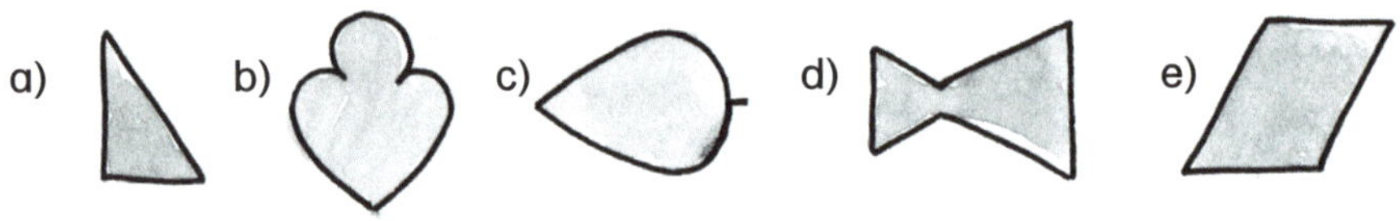

Zwei Figuren sind nicht symmetrisch. Welche sind es?

____

Für Könner!

2 Diese Figuren besitzen mehr als eine Symmetrieachse.
Zeichne alle ein, die du findest.

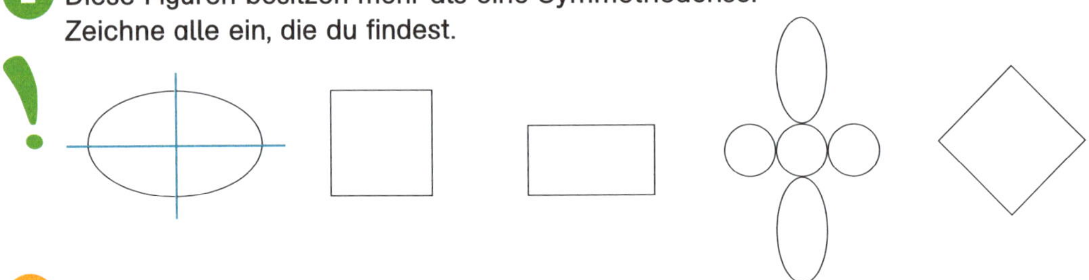

3 a) Viele Buchstaben besitzen Symmetrieachsen.
Zeichne alle Symmetrieachsen ein.

A C D E F G

b) Welche dieser Buchstaben sind nicht symmetrisch? ______________________

c) Kannst du diese Abbildungen zu symmetrischen Buchstaben ergänzen?

Würfelnetze

Für Könner!

1 Dieser Würfel ist blau angestrichen. Stell dir vor, er wird an den eingezeichneten Linien aufgesägt.

a) Wie viele kleine Würfel entstehen?

b) Wie viele dieser Würfel besitzen **drei** blaue Flächen?

c) Gib die Anzahl der Würfel mit **zwei** blauen Flächen an.

d) Wie viele sind es nun mit **einer** blauen Fläche?

e) Gibt es auch Würfel, die **keine** blaue Fläche aufweisen? Wenn ja, wie viele?

f) Wie kannst du überprüfen, ob du alle kleinen Würfel gefunden hast?

2 Sicher besitzt du einen Spielwürfel. Überprüfe an deinem Würfel, dass die Augensumme gegenüberliegender Flächen stets 7 ist. Schaust du z. B. auf die 1, so müssen auf der gegenüberliegenden Fläche 6 Punkte sein.

Fülle die Leerstellen aus.

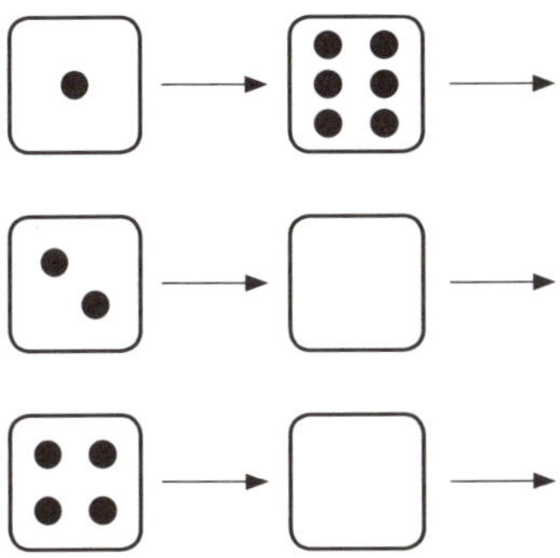

$1 + 6 = 7$

$2 + \_\_\_ = 7$

$4 + \_\_\_ = 7$

Für Könner!

3 Kippe diesen Würfel nacheinander auf die eingezeichneten Flächen. Trage in die Abbildung ein, wie viele Punkte jeweils unten liegen. Überprüfe es mit deinem Spielwürfel.

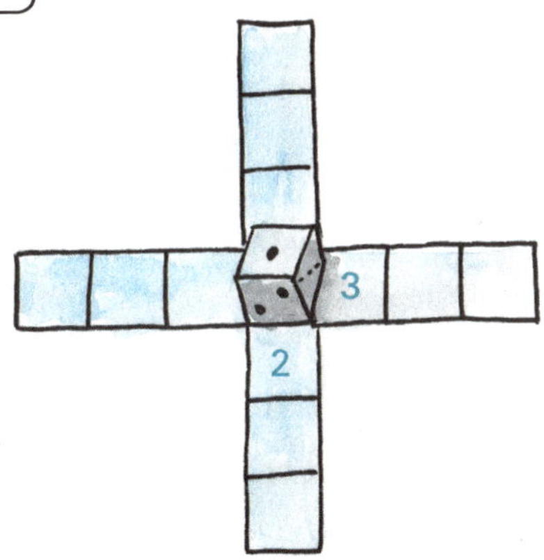

Kopfrechnen: Mit großen Zahlen rechnen

Das Rechnen mit großen Zahlen erfolgt nach den gleichen Regeln wie mit kleinen. Schau dir diese Zahlenstrahlen an und du siehst, dass das Rechnen mit großen Zahlen einfach ist.

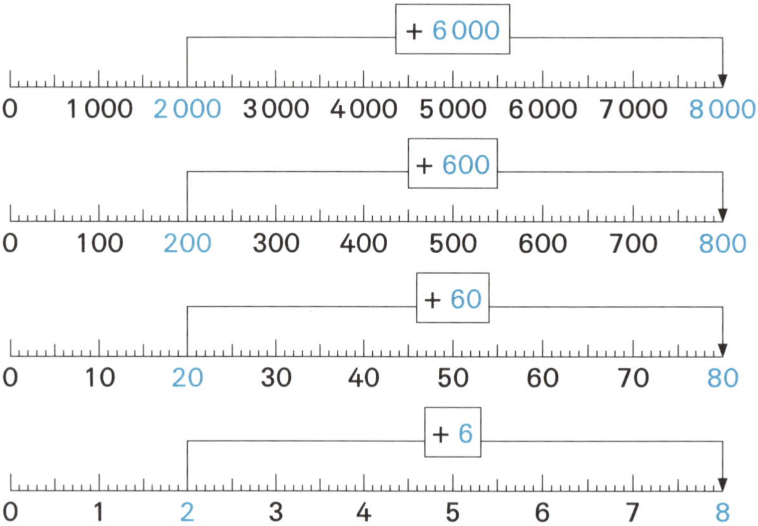

2 000 + 6 000 = 8 000

200 + 600 = 800

20 + 60 = 80

2 + 6 = 8

1 Rechne diese Aufgaben.

a)
4 + 3 = ☐
40 + 30 = ☐
400 + 300 = ☐
4 000 + 3 000 = ☐

b)
8 – 6 = ☐
80 – 60 = ☐
800 – 600 = ☐
8 000 – 6 000 = ☐

Beim Rechnen mit reinen Zehner-, Hunderter- oder Tausenderzahlen kannst du dir helfen, indem du die Aufgaben mit kleineren Zahlen rechnest. Du kannst also **zunächst die Nullen weglassen** und sie ans Ergebnis wieder anhängen. Die Beispiele im blauen Kasten zeigen dir's.

Beispiele

Bei 24 000 + 8 000 = 32 000
denke an **24 + 8 = 32**

Bei 7 850 + 90 = 7 940
denke an **785 + 9 = 794**

Bei 6 250 – 80 = 6 170
denke an **625 – 8 = 617**

2 Löse in deinem Heft ebenso.

a) 32 000 + 16 000
45 000 + 9 000
87 000 + 12 000

b) 47 000 − 5 000
62 000 − 18 000
41 000 − 19 000

c) 16 000 + 7 000
29 000 − 14 000
35 000 + 26 000

Für Könner!
3 Rechne ebenso in deinem Heft.

a) 4 200 + 900
700 + 8 600
6 700 + 500

b) 6 340 + 80
7 920 + 90
650 + 120

c) 5 320 − 70
4 840 − 90
6 700 − 800

Beispiele

Auch so kannst du einfacher rechnen:
Du lässt die Tausender zunächst weg.

Beispiele: 2 436 + 80 = 2 516
436 + 80 = 516

5 728 − 90 = 5 638
728 − 90 = 638

4 Rechne ebenso in deinem Heft.

a) 4 335 + 90
5 147 + 70
6 244 + 80

b) 9 145 + 250
6 271 + 320
7 515 + 150

c) 4 375 − 80
5 125 − 40
6 721 − 90

Auch bei großen Zahlen kannst du schrittweise im Dreieck rechnen.
Schau dir das Beispiel an.

Beispiele

Rechne in Schritten so:

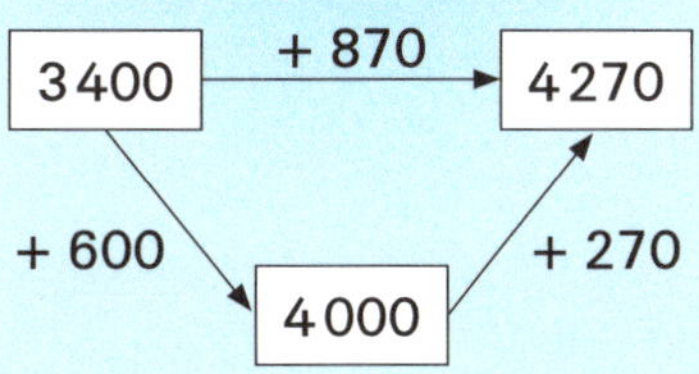

Schreibe so:
3 400 + 870 = 4 000 + 270 = 4 270

oder so:

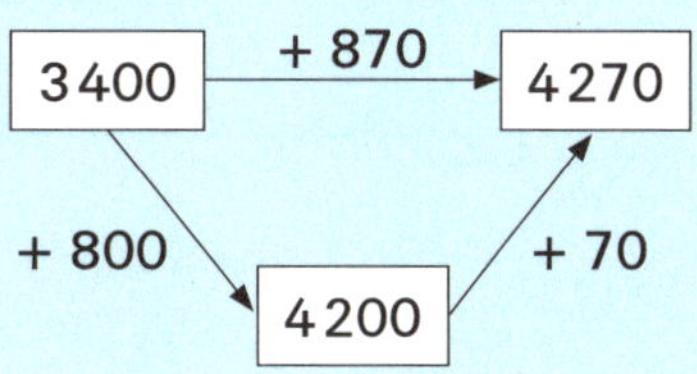

oder so:
3 400 + 870 = 4 200 + 70 = 4 270

5 Rechne ebenso. Schreibe in dein Heft.

a) 4 800 + 580
7 600 + 490
6 800 + 760

b) 5 600 + 820
6 800 + 470
3 700 + 960

Auch beim Subtrahieren großer Zahlen helfen dir Zwischenschritte.

Beispiele

Rechne so:

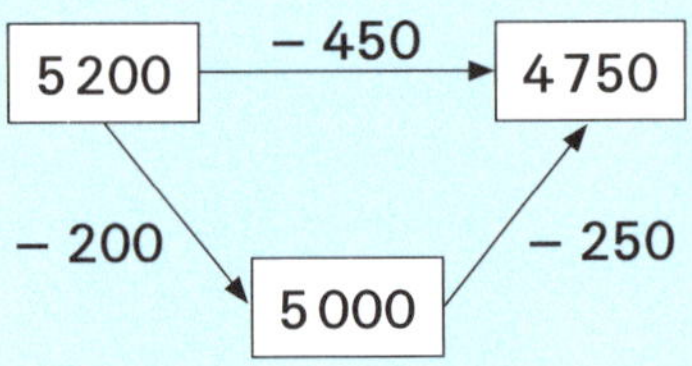

Schreibe so:
5 200 – 450 = 5 000 – 250 = 4 750

oder so:

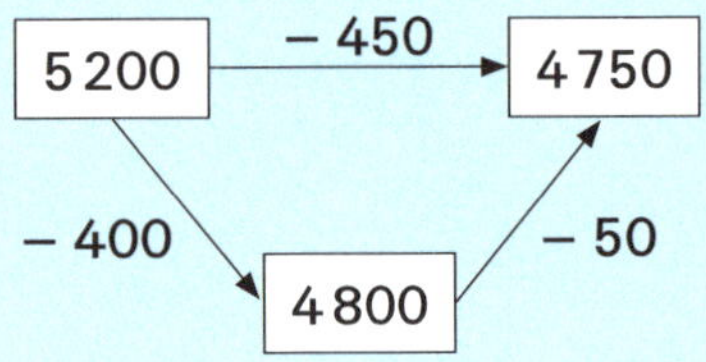

oder so:
5 200 – 450 = 4 800 – 50 = 4 750

6 Rechne im Heft wie oben.

a) 7 300 – 860
6 400 – 750
8 200 – 430
9 500 – 620

b) 8 100 – 350
6 300 – 480
7 200 – 560
8 200 – 840

7 Ergänze bis zum nächsten vollen Tausender.
Beispiel: 6 780 + 220 = 7 000

a) 9 320 + ______ = 10 000
8 450 + ______ = ______
7 260 + ______ = ______
8 150 + ______ = ______

b) 6 370 + ______ = ______
4 140 + ______ = ______
2 530 + ______ = ______
6 150 + ______ = ______

8 Fülle diese Tabellen aus.

a) → + ; ↓ –

8 400	960	
340	660	

b) → – ; ↓ –

67 000	35 000	
41 000	29 000	

Für Könner!

9 a) Addiere zu 4 800 siebenmal nacheinander 400.
Welche Zahl erhältst du?
b) Um wie viel ist die Zahl insgesamt gewachsen?
c) Überprüfe mit nur einer Rechnung dein Ergebnis.

Kopfrechnen: Das kleine Einmaleins

Das kleine Einmaleins ist Voraussetzung für alle weiteren Multiplikationen. Deshalb solltest du darin richtig fit sein. Los geht's, lass uns üben!

1 Multipliziere immer nebeneinanderstehende Zahlen. Schreibe die Ergebnisse in die leeren Felder.
Beispiel: 2 · 3 = 6, 3 · 4 = ...

a)
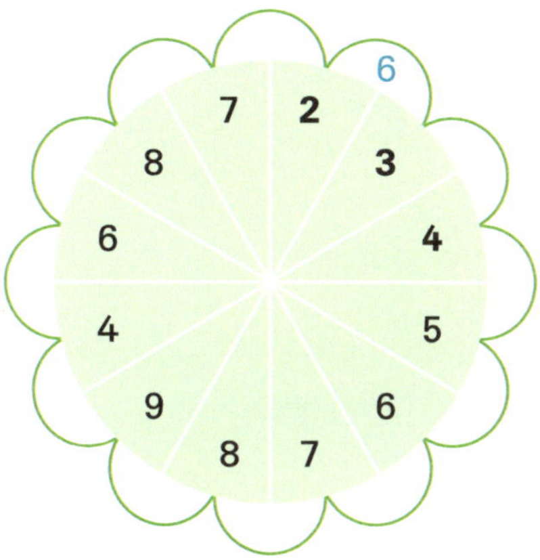

b)

2 Fülle diese Rechenräder aus. Rechne so:
2 · 6 = 12, 4 · 6 = 24, 6 · 6 = ...

a)
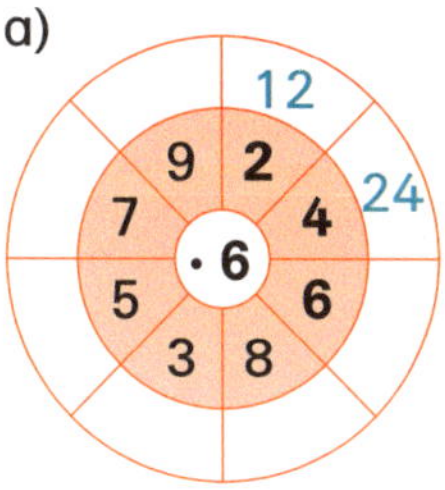

b)
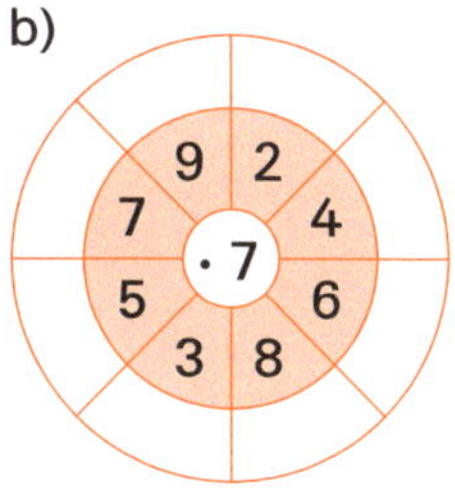

c)
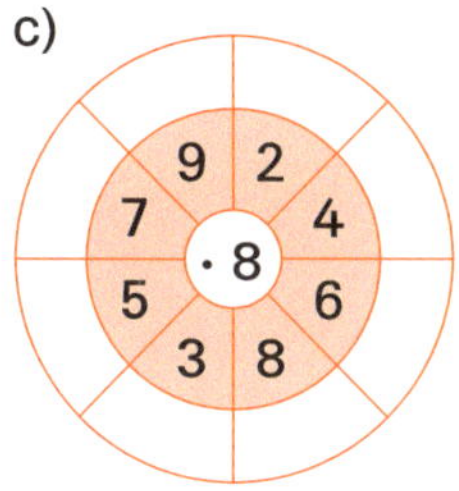

d)
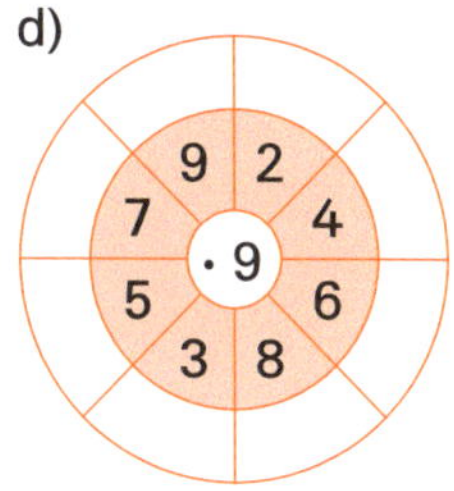

3 Na, bist du noch fit? Weiter geht es mit Dividieren!
Rechne so: 54 : 6 = 9, 18 : 6 = ...

a)
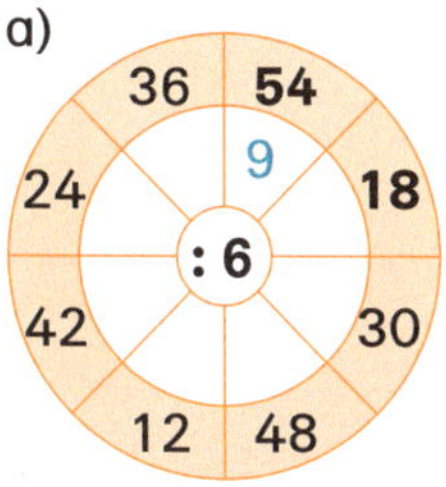

b)
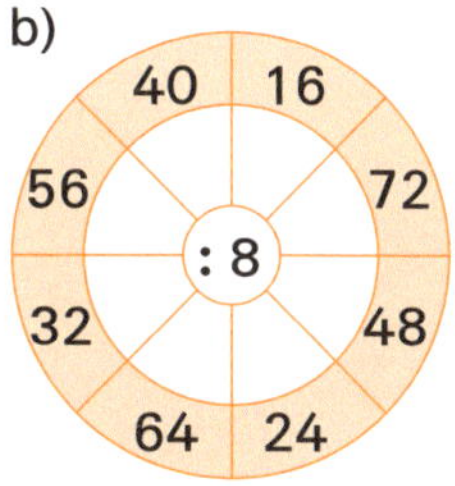

c)
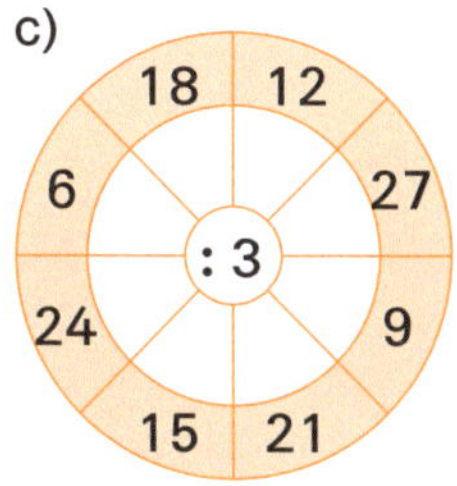

d)
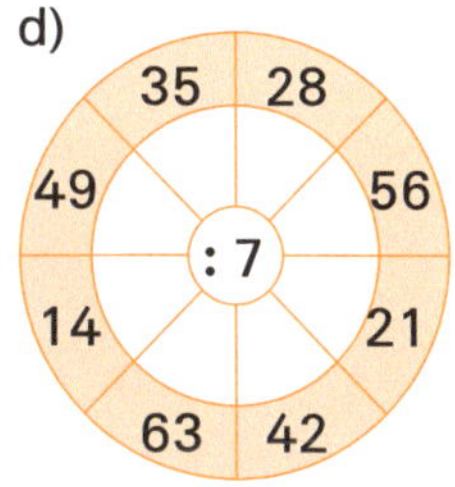

Halbschriftlich multiplizieren und dividieren

Du kannst dir das Multiplizieren erleichtern, indem du **schrittweise** rechnest, Zwischenergebnisse notierst und diese dann addierst.

Beispiel:	295 · 6
1. Schritt:	**200** · 6 = 1 200
2. Schritt:	+ **90** · 6 = 540
3. Schritt:	+ **5** · 6 = 30
	295 · 6 = **1 770**

zum Schluss: Zwischenergebnisse addieren

1 Rechne in deinem Heft, zerlege die Zahlen wie im Beispiel. Notiere hier die Ergebnisse.

a) 139 · 7 = ______
523 · 4 = ______
621 · 7 = ______
317 · 9 = ______

b) 241 · 6 = ______
824 · 5 = ______
937 · 8 = ______
425 · 6 = ______

c) 148 · 3 = ______
534 · 9 = ______
712 · 6 = ______
453 · 8 = ______

2 Rechne wie bisher. Schreibe aber nur die Zwischenergebnisse auf.

Beispiel: 295 · 6 = 1 200 + 540 + 30 = 1 770

a) 235 · 7 = ______ + ______ + ______ = ______
412 · 8 = ______ + ______ + ______ = ______
521 · 3 = ______ + ______ + ______ = ______
216 · 5 = ______ + ______ + ______ = ______

Rechne nun in deinem Heft.

b) 137 · 5
217 · 3
429 · 4
832 · 6

c) 625 · 2
721 · 9
169 · 8
432 · 5

d) 316 · 7
425 · 8
679 · 6
431 · 9

Auch dividieren kannst du in **Teilschritten**. Du musst nur darauf achten, dass du die Aufgaben in solche Teilaufgaben zerlegst, die beim Dividieren aufgehen. Zum Schluss addierst du die Zwischenergebnisse wieder.

Beispiel:

	6852 : 6	
	6000 : 6 =	1000
+	**6**00 : 6 =	100
+	**24**0 : 6 =	40
+	**12** : 6 =	2
	6852 : 6 =	**1142**

3 Rechne in gleicher Weise in deinem Heft.

a)	b)	c)
5965 : 5	4345 : 5	4896 : 4
4269 : 3	7236 : 9	6084 : 6
4254 : 6	1484 : 4	9785 : 5
8199 : 9	7092 : 3	5360 : 8

4 Rechne auch hier wie bisher. Schreibe aber nur noch die Zwischenergebnisse auf.

Beispiel: 6852 : 6 = 1000 + 100 + 40 + 2 = 1142

a) 8245 : 5 = ____ + ____ + ____ + ____ = ____

6248 : 4 = ____ + ____ + ____ + ____ = ____

9423 : 9 = ____ + ____ + ____ = ____

8568 : 7 = ____ + ____ + ____ + ____ = ____

Rechne ebenso in deinem Heft.

b)	c)	d)
5425 : 5	3714 : 3	3212 : 4
8478 : 2	9522 : 9	6732 : 9
4124 : 4	4374 : 6	4125 : 3
7248 : 8	8735 : 5	7525 : 5

Für Könner!

5 a) Ein Gartenweg wird mit 4 Reihen Platten belegt. In jede Reihe gehen 198 Platten. Wie viele Platten benötigt man?

b) Wie viele Platten benötigt man, wenn 6 Reihen verlegt werden?

6 a) 2648 Platten sollen in 4 Reihen verlegt werden. Wie viele Platten passen in jede Reihe?

b) Jetzt sollen es 8 Reihen sein. Wie viele Platten liegen nun in jeder Reihe?

Die Umkehraufgabe und mit Rest dividieren

Du kannst jede Divisionsaufgabe durch die **Umkehraufgabe** überprüfen. Schreibe so:

35 : 5 = **7** ⟶ **7** · 5 = 35

1 Rechne diese Aufgaben in deinem Heft, und überprüfe die Ergebnisse durch die Umkehraufgabe.

a)	b)	c)	d)
45 : 5	320 : 4	560 : 70	540 : 30
36 : 6	180 : 6	480 : 80	270 : 30
28 : 7	250 : 5	210 : 30	400 : 80

Manchmal bleibt bei der Division ein **Rest**. Auch dann kannst du dein Ergebnis durch die Umkehraufgabe überprüfen. Das Beispiel zeigt dir, wie das geht:

45 : 6 = 7 R **3** ⟶ 7 · 6 + **3** = 45

Reste kannst du so notieren:
39 : 7 = 5 R **4**

oder:
39 : 7 = 5 + **4** : 7

Schreibe die Reste so auf, wie du es in der Schule gelernt hast.

2 Rechne im Heft.

a)	b)	c)	d)
29 : 7	35 : 8	242 : 8	200 : 70
35 : 6	42 : 5	185 : 6	280 : 90
51 : 8	26 : 3	251 : 5	310 : 50

Für Könner!

3 Rechne, und entdecke! Ergänze a) bis c) um zwei weitere Aufgaben. Benutze dazu dein Heft.

a)	b)	c)
28 : 3	37 : 6	123 : 4
38 : 4	44 : 7	246 : 4
48 : 5	51 : 8	369 : 4

Rechenvorteile finden und nutzen

Du kannst leichter addieren bzw. subtrahieren, wenn jeweils eine Zahl eine **reine Zehnerzahl** ist. Dazu darfst du die **Aufgaben geschickt verändern**. Aber natürlich nur so, dass die Ergebnisse richtig bleiben.

Beispiele:

56 + 38 = **94**
↓ −2 ↓ +2
54 + 40 = **94**

56 − 38 = **18**
↓ +2 ↓ +2
58 − 40 = **18**

1 Mache eine Zahl zur Zehnerzahl, und löse die Aufgaben.

39 + 45 = ☐
↓ +1 ↓ −1
40 + ☐ = ☐

168 + 25 = ☐
↓ ☐ ↓ ☐
☐ + ☐ = ☐

41 + 58 = ☐
↓ ☐ ↓ ☐
☐ + ☐ = ☐

72 − 34 = ☐
↓ ☐ ↓ ☐
78 − ☐ = ☐

186 − 49 = ☐
↓ ☐ ↓ ☐
☐ − ☐ = ☐

96 − 58 = ☐
↓ ☐ ↓ ☐
☐ − ☐ = ☐

2 Rechne geschickt, verwende dazu dein Heft.

a) 69 + 25
76 + 28
139 + 46
248 + 45

b) 95 − 38
127 − 99
259 − 63
61 − 39

c) 37 + 59
176 − 68
219 + 76
109 − 53

Auch beim Multiplizieren kannst du Aufgaben geschickt verändern, denn das Rechnen mit Zehnerzahlen fällt dir viel leichter. Das geht so:

Beispiele

48 · 9 = 432	48 · 11 = 528
48 · 10 – 48 =	**48 · 10 + 48 =**
480 – 48 = 432	**480 + 48 =** 528

Notiere beim Rechnen gleich die Zwischenergebnisse:

48 · 9 = **480** – 48 = 432 48 · 11 = **480** + 48 = 528

3 Löse ebenso, notiere die Ergebnisse hier.

a)	b)
78 · 9 = ______	72 · 11 = ______
37 · 9 = ______	35 · 11 = ______
66 · 9 = ______	62 · 11 = ______
33 · 9 = ______	27 · 11 = ______

Auch auf diese Weise kannst du die Aufgabe verändern:

Beispiele

69 · 8 = 552	71 · 8 = 568
70 · 8 – 8 =	**70 · 8 + 8 =**
560 – 8 = 552	**560 + 8 =** 568

Schreibe beim Rechnen gleich die Zwischenergebnisse auf:

69 · 8 = **560** – 8 = 552 71 · 8 = **560** + 8 = 568

4 Löse ebenso, notiere die Ergebnisse hier.

a)	b)
89 · 6 = ______	91 · 5 = ______
59 · 8 = ______	61 · 7 = ______
39 · 4 = ______	71 · 8 = ______
99 · 7 = ______	41 · 6 = ______

Schriftliche Addition

1 a)

	4	7	1	2
+		8	5	6
+	2	1	7	3

b)

		7	0	4
+	1	2	5	6
+	2	5	7	9

2 Sind hier die Zahlen zum Addieren richtig untereinandergeschrieben? Schreibe die Aufgabe richtig auf, und rechne sie.

	4	2	1	5
+	3	1	7	
+	4	8		
+	1	0	5	7

3 Schreibe auch diese Aufgabe richtig auf, und rechne sie.

	3	0	1	9
+		7	9	
+	1	0	9	
+	1	4	3	2

4 Addiere diese Zahlen in deinem Heft: 4125, 173, 892 und 1708. Achte beim Aufschreiben darauf, dass Einer (E) unter Einern, Zehner (Z) unter Zehnern usw. stehen.

5 a) Addiere jetzt diese Zahlen in deinem Heft: 821, 3710, 210, 1765

b) Rechne: 1251 + 28 + 108 + 4205

Für Könner!

6 Findest du die fehlenden Ziffern?

a)

	2		3	1
+	1	6	7	
+	5	2		7
		3	1	7

b)

	3			1
+		9	7	6
+	5	4	3	2
		8	2	

c)

			8	1
+	3	8	7	
+	1	5		7
	8	2	2	0

d)

		3	0	0
+	2		6	1
+		8		2
	7	7	1	

e)

	2	5	6	
+		3		4
+	6		0	6
		1	2	9

f)

	4	2		3
+		2	4	1
+	2	4	1	
	9		6	7

Ergänzungsverfahren: Schriftliche Subtraktion

Das Rechnen in Stellenwerttafeln ist zu umständlich. Hier siehst du noch einmal an einer Musteraufgabe, wie du **leichter rechnen** kannst. Achte weiterhin auf **stellengerechtes Schreiben** der Zahlen!

Beispiele

Löse diese Aufgabe:

6243 – 568 = ________

Schreibe so:

	6	2	4	**3**
–		5	6	**8**
	1	1	1	
	5	6	7	**5**

Rechne so:
Wieder fragst du dich: „Wie viele fehlen von 8 auf 3?" Antwort: „Geht nicht. Ich muss 3 erhöhen um 10. Also: Wie viele fehlen von 8 auf 13?" Diese ergänzte Zahl betonst du, schreibst sie hin und auch den Überschlag.

8 + 5 = 13 ⟶ **5** hinschreiben, **1** übertragen
1 + 6 + 7 = 14 ⟶ 7 hinschreiben, 1 übertragen
1 + 5 + 6 = 12 ⟶ 6 hinschreiben, 1 übertragen
1 + 5 = 6 ⟶ 5 hinschreiben

1 Rechne stellengerecht im Heft.

a) 7234 – 4356
8137 – 495
6271 – 1350

b) 2514 – 946
3214 – 2931
4953 – 948

c) 2341 – 1246
7921 – 4302
4040 – 149

2 Wo wurde falsch gerechnet? Suche die Fehler, und rechne die Aufgaben richtig aus.

a)

	7	8	8	5
–	5	7	9	8
	2	1	8	3

b)

	4	7	6	3
–		9	8	4
	3	8	7	1

c)

	5	0	0	7
–	3	2	1	8
	2	8	8	9

Für Könner!

3 Suche die fehlenden Ziffern. Kontrolliere dein Ergebnis, indem du die Subtraktion ausführst.

a)

		8		
–	3		4	7
	2	5	6	3

b)

	1		4	3
–		7		8
		0	7	

Abziehverfahren: Schriftliche Subtraktion

Die Stellenwerttafel als Lösungshilfe brauchst du jetzt nicht mehr. Hier siehst du wieder eine Musteraufgabe, wie es leichter geht. Achte aber immer auf das stellengerechte Untereinanderschreiben der Zahlen.

Beispiele Du sollst rechnen: 6 240 – 965 = ________

	5	1	3	
	~~6~~	~~2~~	~~4~~	0
–		9	6	5
	5	**2**	**7**	**5**

Rechne, und sprich so:

0 minus 5 geht nicht, ich muss wechseln und 1 herüber, bleibt 3;
10 minus 5 gleich **5**.

3 minus 6 geht nicht, ich muss wechseln und 1 herüber, bleibt 1;
13 minus 6 gleich **7**.

1 minus 9 geht nicht, ich muss wechseln und 1 herüber, bleibt 5;
11 minus 9 gleich **2**.

5 minus 0 gleich **5**.

1 Rechne ebenso in deinem Heft.

a) 7 543 – 842
b) 3 742 – 1 956
c) 8 245 – 3 514
d) 6 721 – 6 549
e) 4 625 – 876
f) 5 240 – 1 765

Für Könner!

2 Berechne die Aufgaben in deinem Heft. Achte hier auf Nullen!

a) 6 502 – 785
b) 7 008 – 2 561
c) 4 305 – 987

Du solltest jede Rechnung kontrollieren. Das geht am besten mit der **Umkehraufgabe**. Du kontrollierst die Ergebnisse deiner Subtraktionsaufgaben durch Additionsaufgaben.

Beispiel: Aufgabe: Umkehraufgabe:

Aufgabe	Umkehraufgabe
7 ~~4~~ 25 (3)	**3064**
– 4361	+ 4361 (1)
3064	7425

Schriftliche Multiplikation: So vermeidest du Fehler

Beim Multiplizieren mit 2 oder 3 Zahlen musst du auf **genaues Hinschreiben** achten.

Beispiel:

```
1752 · 39
 5256
  15768
 68328
```

```
1752 · 329
 5256
  3504
   15768
 576408
```

1 Multipliziere schriftlich.

a) 4125 · 26

Beginne mit der höchsten Stelle.

b) 4325 · 17

2 Rechne schriftlich.

a) 2146 · 23

b) 743 · 86

Achte auf Nullen! Bei Aufgaben mit Nullen können sich leicht Fehler einschleichen.

Denke daran: 3 · 0 = 0 ...
Ist ein Faktor **0**, so ist auch das Ergebnis **0**.

Beispiel: 1602 · 4

falsch: ~~1602 · 4~~ ~~648~~

richtig: 1602 · 4 = 6408

3 Rechne im Heft, und notiere hier die Lösungen.

a) 2502 · 3 = ______ b) 2520 · 3 = ______ c) 2052 · 3 = ______

1046 · 7 = ______ 2008 · 9 = ______ 3040 · 7 = ______

4 Achte auf Nullen! Rechne die Aufgaben zu Ende.

a)

2	7	3	·	2	0	5
		5	4	6	0	
			1	3	6	5

b)

4	2	1	·	3	8	0
	1	2	6	3		
		3	3	6	8	0

c)

	3	4	0	·	2	6
			6	8	0	
			2	0	4	0

Löse ebenso im Heft.

d) 371 · 503
1 125 · 305

e) 1 721 · 250
486 · 340

f) 230 · 87
1 250 · 23

5 Rechne nach! Zwei Rechnungen sind falsch.
Berichtige sie.

a)

4	0	2	5	·	2	6
		8	2	5	0	
		2	4	1	5	0
	1	0	6	6	5	0

b)

1	0	0	9	·	2	4
		2	0	1	8	
			4	0	3	6
		2	4	2	1	6

c)

3	1	0	4	·	3	5
		9	3	1	2	
		1	5	5	2	0
	1	0	8	6	4	0

d)

7	0	2	0	·	7	4
	4	9	1	4	4	
			2	8	8	0
	4	9	4	3	2	0

6 Kannst du herausfinden, welche
Zahlen hier fehlen?

a)

4	2	5	3	·		
				5	3	
					6	5

b)

2	1			·	3	5
			3	9	3	

Für Könner!

7 Finde die zwei Fehler durch
Überschlag.

a) 623 · 52 = 32 396
b) 41 · 195 = 4 995
c) 1 089 · 19 = 10 691
d) 185 · 203 = 37 555

Durch **Überschläge** kannst du eine Schnellkontrolle im Kopf durchführen. Dazu multiplizierst du glatte Nachbarzahlen anstelle der eigentlichen Zahlen.

Beispiel: 193 · 73 = ________

Überschlag: 200 · 70 = 14 000

Jetzt weißt du, dass das Ergebnis von 193 · 73 ungefähr 14 000 ergeben muss. Und tatsächlich:
193 · 73 = 14 089

Schriftliche Division ohne Rest

1 Die Aufgabe 9 576 : 7 kannst du so lösen:

9 576 : 7 = ________

	9576					
−	7000	→		**1000**		
	2576					
−	2100	→	+	**300**		
	476					
−	420	→	+	**60**		
	56					
−	56	→	+	**8**		
	0			**1368**		

9 5 7 6 : 7 = 1 3 6 8

a) Löse ebenso.

6 152 : 4 = ________

6 1 5 2 : 4 =

b) Rechne ebenso im Heft.

T H Z E   T H Z E

6 1 5 2 : 4 = ________

Beispiele

Schriftlich dividierst du so.
Die Stellenwertbezeichnungen helfen dir:

T	H	Z	E				T	H	Z	E
9	5	7	6	:	7	=	**1**	**3**	**6**	**8**
7										
2	5									
2	1									
	4	7								
	4	2								
		5	6							
		5	6							
			0							

2 a) Rechne im Heft.

T H Z E   T H Z E

8 5 2 6 : 6 = ________

b) T H Z E   T H Z E

6 7 8 0 : 4 = ________

Bei Aufgaben mit einer Null im Ergebnis musst du besonders auf die Stellenwerte achten:

Beispiele

T	H	Z	E					T	H	Z	E
3	5	2	5	:	5	=		7	**0**	5
3	5									
	0	**2**								
		0								
		2	5							
		2	5							
			0							

2 : 5
ergibt **0**

3 Rechne ebenso im Heft.

T H Z E   T H Z E

6 3 4 9 : 7 = ______

Achte auf Nullen!
Denke daran:

$5 : 5 = 1$ $1 \cdot 5 = 5$
$\mathbf{0 : 5 = 0}$ $\mathbf{0 \cdot 5 = 0}$

Beim Dividieren kannst du jetzt die Stellenwertbezeichnungen T, H, Z, E weglassen. Wie du dann rechnest, erklärt dir das Beispiel nochmals ganz genau.

Beispiele   Löse diese Aufgabe: 2976 : 6 = ______

Rechne so:

2	**9**	7	6	:	**6**	=	**4**	9	6
2	**4**								
	5	7							
	5	4							
		3	6						
		3	6						
			0						

Sprich so:

2 : 6 geht nicht,
29 : 6 = ⟶ **4** hinschreiben,
4 · 6 = 24 Multiplikationskontrolle machen,
⟶ **24** hinschreiben, von 29 abziehen und 7 herunterholen.
57 : 6 ⟶ 9 hinschreiben,
9 · 6 = 54 Multiplikationskontrolle machen,
⟶ 54 hinschreiben, von 57 abziehen und 6 herunterholen.
36 : 6 ⟶ 6 hinschreiben
6 · 6 = 24 Multiplikationskontrolle machen,
⟶ 36 hinschreiben, von 36 abziehen.

4 Rechne ebenso im Heft.

a) 4375 : 5   b) 29133 : 9   c) 17488 : 4
d) 25362 : 6   e) 15342 : 3   f) 9816 : 8

Schriftliche Division mit Rest

Wenn Divisionsaufgaben nicht aufgehen, bleiben Reste.
Wie du damit umgehst, zeigt dir das Beispiel.

Beispiele

Rechne so:

9	1	4	:	4	=	2	2	8		**R**	**2**
8											
1	1										
	8										
	3	4									
	3	2									
		2									

8	5	5	4	:	7	0	=	1	2	2		**R**	**1**	**4**
7	0													
1	5	5												
1	4	0												
	1	5	4											
	1	4	0											
		1	4											

Wie du siehst, wird der **Rest** mit einem **R** hinter das Ergebnis geschrieben. Hast du in der Schule eine andere Schreibweise gelernt, verwende diese.

1 Rechne wie im Beispiel.

442 : 6 =

2 Rechne im Heft. Notiere hier in der Restschreibweise, die du im Unterricht gelernt hast.

a) 7254 : 5 = ____________ b) 6725 : 3 = ____________

c) 84321 : 40 = ____________ d) 188205 : 20 = ____________

Für Könner!

3 Rechne, und notiere hier in der gelernten Restschreibweise.

a) 17423 : 30 = ____________ b) 48543 : 60 = ____________

c) 59180 : 12 = ____________ d) 43057 : 12 = ____________

Rechnen mit Volumen

Volumen oder Rauminhalte werden in Liter (l) und Milliliter (ml) gemessen. In einem Kanister sind meist 5 l Benzin. Eine Konservendose hat oft 450 ml Inhalt.

1 l = 1 000 ml

1 Wandle um.

a) 5 l = 5 000 ml
12 l = ______
20 l = ______
3 l = ______

b) 7 000 ml = 7 l
10 000 ml = ______
2 000 ml = ______
25 000 ml = ______

c) $\frac{1}{2}$ l = 500 ml
$\frac{1}{4}$ l = ______
$\frac{3}{4}$ l = ______
$1\frac{1}{2}$ l = ______

d) l und ml lassen sich auch als Kommazahlen schreiben. Fülle die Tabelle aus.

	l	ml	mit Komma
5 l 300 ml	5	300	5,300 l
8 l 250 ml			
250 ml			
1 l 500 ml			
800 ml			

Manchmal findest du Angaben wie 0,5 l, 1,2 l usw. Dies sind verkürzte Schreibweisen für 0,500 l, 1,200 l usw., bei denen die überflüssigen Nullen weggelassen wurden.

2 Schreibe als Kommazahl.

a) 500 ml = 0,500 l
100 ml = ______
6 200 ml = ______
3 500 ml = ______

b) $\frac{1}{2}$ l = 500 ml = 0,500 l
$\frac{1}{4}$ l = ______
$\frac{3}{4}$ l = ______
$1\frac{1}{4}$ l = ______

Für Könner!

3 Aus einem 5-l-Kanister werden nacheinander 1,250 l, $1\frac{1}{2}$ l und 0,700 l ausgegossen.

a) Wie viel l sind das?

b) Wie viel l bleiben im Kanister?

Rechnen mit Geldwerten

Beim Rechnen mit Kommazahlen musst du aufpassen.

1 Diese Aufgaben kannst du noch im Kopf rechnen.

a) 3,15 € + 2,25 € = ________
4,30 € + 1,70 € = ________

b) 11,30 € – 4,20 € = ________
9,70 € – 0,75 € = ________

c) 3,20 € · 3 = ________
1,80 € · 4 = ________

d) 12,60 € : 3 = ________
26,00 € : 4 = ________

Beim **schriftlichen Rechnen mit Kommazahlen** gehst du am besten so vor:
1. Kommazahlen in Zahlen ohne Komma umwandeln.
2. Rechnung ausführen.
3. Ergebnis wieder als Kommazahl schreiben.

Beispiele Löse diese Aufgaben:

12,25 € + 0,79 € + 8,34 € = ________

Rechne so:

	1	2	2	5	ct
+			7	9	ct
+		8	3	4	ct
	2	1	3	8	ct
=	**2**	**1,**	**3**	**8**	**€**

3,45 ct · 12 = ________

Rechne so:

3	4	5	ct	·	1	2	
			3	4	5		
				6	9	0	
			4	1	4	0	ct
		=	**4**	**1,**	**4**	**0**	**€**

2 Löse im Heft.

a) 14,27 € + 19,35 € + 0,84 €
0,45 € + 11,27 € + 145,25 €

b) 8 531,27 € – 653,34 €
1 195,30 € – 867,45 €

c) 12,48 € · 37
0,97 € · 45

d) 213,84 € : 8
561,60 € : 6

Addieren und subtrahieren kannst du aber auch mit Kommazahlen. Schreibe dazu die Geldwerte so, dass **Komma unter Komma** steht.

Beispiele Löse diese Aufgaben:

12,25 € + 0,79 € + 8,34 € = ______

Rechne so:

	1	2,	2	5	€
+		0,	7	9	€
+		8,	3	4	€
	2	1,	3	8	€

17,35 € – 8,81 € = ______

Rechne so:

	1	7,	3	5	€
–		8,	8	1	€
		8,	5	4	€

3 Rechne ebenso im Heft.

a) 24,56 € + 19,08 € + 5,66 €
425,10 € + 86,45 € + 0,75 €

b) 132,75 € – 81,54 €
374,38 € – 147,16 € – 8,35 €

4 Die Mutter will 1 kg Bauchfleisch, 1 kg Schinken und 1 kg Leberwurst kaufen.

a) Was hätte sie vor dem Sonderangebot bezahlen müssen?

b) Wie viel bezahlt sie für das Sonderangebot?

c) Wie viel Geld hat sie gespart?

Sonderangebot

1 kg Bauchfleisch	4,15 €	3,75 €
1 kg Schinken	21,50 €	18,90 €
1 kg Leberwurst	9,75 €	7,80 €

5 Mutter vergleicht die Preise in zwei Supermärkten.

a) Wie viel müsste sie für die Sachen im ersten Supermarkt bezahlen?

b) Wie viel müsste sie für die Sachen im zweiten Supermarkt bezahlen?

c) Wie viel Geld kann sie sparen?

	1. Supermarkt	2. Supermarkt
1 kg Mehl	0,86	0,89
1 kg Zucker	1,19	1,05
250 g Butter	2,18	2,07

Rechnen mit Längen

1 Wer ist von den fünf Freunden der größte?
Luis ist 1,45 m, Tom 141 cm, Martin 1,65 m, Daniel 1,56 m und Ingo 147 cm. Vergleiche!
Schreibe so:

1,65 m > ☐ > ☐ > ☐ > ☐

2 Vergleiche, und setze die Zeichen <, =, >.

a) 2,50 m	=	250 cm	b) 6 500 m	☐	0,650 km	c) 0,37 m	☐	28 cm
4,3 cm	☐	35 mm	0,43 m	☐	46 cm	148 cm	☐	1,49 m
8,40 m	☐	840 cm	1,800 km	☐	1 800 m	6,50 m	☐	65 cm

Beispiele **Längeneinheiten vereinheitlichen**

Löse diese Aufgaben schriftlich: 8,15 m + 0,78 m + 124 cm = ________

Rechne so:

```
   815 cm
    78 cm
+  124 cm
 1 017 cm = 10,17 m
```

Wandle alle Angaben in cm um, wenn du ohne Kommaschreibweise auskommen willst.

Für Könner!

3 Rechne ebenso.

a) 4,25 m + 148 cm + 46 cm
7,125 km + 876 m + 0,521 km

b) 5,405 km – 3420 m
4,84 m – 359 cm

Beispiele **Ohne Komma rechnen**

Löse diese Aufgabe schriftlich: 4,28 m · 12 = ________

Rechne so:

```
428 cm · 12
    428
     856
   5 136 cm = 51,36 m
```

Wandle die Kommazahlen in Zahlen ohne Komma um. Rechne mit ihnen, und schreibe das Ergebnis als Kommazahl.

4 Rechne ebenso.

a) 3,120 km · 15 36,80 m · 23 0,842 km · 17
b) 7,254 km : 9 39,15 m : 5 19,404 km : 12

Sachaufgaben mit Längen

1 Herr Huber ist Vertreter. Er ist viel mit dem Auto unterwegs.

a) Wie viele km hat er täglich zurückgelegt?

b) Wie viele km ist er in dieser 5-Tage-Woche gefahren?

Kilometerstände		
morgens	abends	km täglich
12533	12847	
12847	13120	
13120	13876	
13876	14231	
14231	15105	

2 Herr Huber wohnt in A.

a) Er muss am Montag die Orte B und C besuchen. Er wählt natürlich den kürzesten Weg. Sieh dir die Entfernungen in der Zeichnung an. Überlege dir, wie er fahren muss. Bedenke, dass er abends wieder nach A zurückmuss. Erhältst du auch für die Gesamtstrecke 288 km?

b) Am Dienstag will er C und E aufsuchen. Berechne genauso wie in a) die Gesamtstrecke.

c) Am Mittwoch sind die Orte B und D an der Reihe.

d) Für den Donnerstag ist der Besuch von C, E und D vorgesehen.

e) Wie viel km ist Herr Huber an den 4 Tagen insgesamt gefahren?

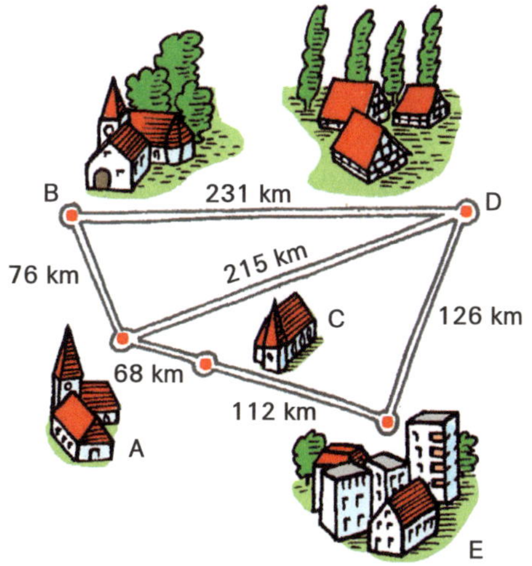

3 Paul macht eine Radtour. Er ist 6 Tage unterwegs. Dabei legt er folgende Entfernungen zurück: 45,4 km (Beachte: Da man überflüssige Nullen gern weglässt, schreibt man für 45,400 km kürzer 45,4 km); 36,7 km; 68 km; 59,1 km; 40 km und 35,5 km.

a) Wie lang ist die Gesamtstrecke?

b) Eigentlich wollte er 300 km fahren. Welche Strecke fehlt ihm noch?

Das Umgehen mit der Uhr beeinflusst auch schon dein Leben. So solltest du pünktlich zum Schulbeginn kommen oder deine Verabredungen einhalten. Es ist also wichtig, dass du mit Zeitspannen und Zeitpunkten umgehen kannst.

Umrechnen von Sekunden, Minuten und Stunden

Zeitspannen werden in Sekunden (s), Minuten (min) und Stunden (h) gemessen.

1 min = **60 s**
1 h (Stunde) = **60 min**

1 Wandle die Zeiten um.

a)

Minuten	Sekunden
3 min	180 s
5 min	
10 min	
8 min	
12 min	

b)

Minuten	Sekunden
1 min	
$\frac{1}{2}$ min	
$\frac{1}{4}$ min	
$\frac{3}{4}$ min	
$1\frac{1}{2}$ min	

c)

Sekunden	Minuten
240 s	
120 s	
480 s	
600 s	
1 200 s	

d) 100 s = 1 min 40 s
150 s = ______
210 s = ______
240 s = ______
250 s = ______

e) 2 min 10 s = 130 s
3 min 20 s = ______
5 min 8 s = ______
4 min 25 s = ______
6 min 12 s = ______

2 Führe auch hier Umwandlungen durch.

a)

Stunden	Minuten
4 h	240 min
3 h	
10 h	
8 h	
12 h	

b)

Stunden	Minuten
1 h	
$\frac{1}{2}$ h	
$\frac{1}{4}$ h	
$\frac{3}{4}$ h	
$1\frac{1}{2}$ h	

c)

Minuten	Stunden
180 min	3 h
240 min	
480 min	
600 min	
1 200 min	

2 d) 80 min = 1 h 20 min
150 min = ______
200 min = ______
310 min = ______
100 min = ______

e) 2 h 30 min = 150 min
4 h 10 min = ______
1 h 50 min = ______
5 h 5 min = ______
7 h 15 min = ______

Auch mit Zeitspannen kannst du rechnen.
Dabei wandelst du zuerst alles in **eine einheitliche Zeitspanne** um. Die Beispiele erklären es dir.

Beispiele

Addieren: 45 s + 28 s = **73 s = 1 min 13 s**
Subtrahieren: 1 h 40 min – 55 min = **100 min – 55 min = 45 min**
Multiplizieren: 1 h 25 min · 3 = **85 min · 3 = 255 min = 4 h 15 min**
Dividieren: 2 min 20 s : 4 = **140 s : 4 = 35 s**

3 Löse ebenso in deinem Heft.

a) 45 s + 50 s
56 s + 48 s
1 min 15 s + 50 s
2 min 20 s + 40 s
25 s + 1 min

b) 55 min + 30 min
47 min + 23 min
2 h 32 min + 50 min
1 h 30 min + 2 h 15 min
45 min + 1 h 20 min

c) 1 min 20 s – 35 s
2 min 10 s – 45 s
3 min 25 s – 50 s
3 min 25 s – 1 min 50 s
4 min 10 s – 2 min 20 s

d) 2 h 10 min – 50 min
1 h 25 min – 40 min
3 h 25 min – 1 h 40 min
2 h 40 min – 1 h 50 min
4 h 35 min – 2 h 55 min

Für Könner!
4 Rechne mit Zwischenrechnungen im Heft.

a) 2 min 40 s · 3
1 min 15 s · 4
3 min 15 s · 2
1 min 40 s · 5

b) 1 h 45 min · 4
2 h 50 min · 5
3 h 20 min · 4
1 h 25 min · 3

c) 2 min 40 s : 4
1 min 10 s : 5
2 min 45 s : 3
3 min 20 s : 2

d) 1 h 30 min : 5
2 h 20 min : 4
3 h 40 min : 4
4 h 10 min : 2

Zeitspannen und Zeitpunkte auseinanderhalten

Die erste Uhr zeigt 8 Uhr und 30 Minuten. Schreibe so: 8.30 Uhr.

8.30 Uhr ist ein **Zeitpunkt**. Welchen Zeitpunkt kannst du auf der zweiten Uhr ablesen? Richtig, 10.00 Uhr. Und welche Zeitspanne liegt dazwischen? Dazwischen liegt 1 Stunde und 30 Minuten. Eine **Zeitspanne** ist die **Zeit zwischen zwei Zeitpunkten**.

8.30 Uhr — [1 h 30 min] → 10.00 Uhr

Beispiel **Zeitspannen berechnen**

Aufgabe: Berechne die Zeitspanne von 12.20 Uhr bis 15.10 Uhr.

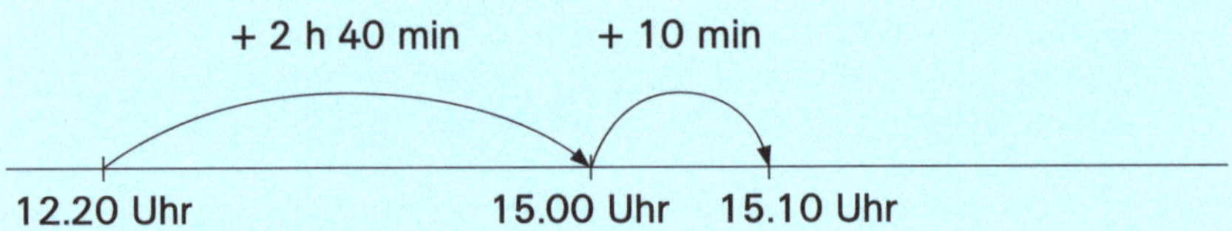

So gehst du vor:
Ergänze die Zeit bis zur vollen Stunde, und addiere die restliche Zeit.
also: 2 h 40 min + 10 min = 2 h 50 min

1 Welche Zeitspanne ergibt sich hier jeweils?

a) 8.45 Uhr — [ ] → 9.00 Uhr
10.10 Uhr — [ ] → 11.45 Uhr
12.05 Uhr — [ ] → 14.10 Uhr

b) 9.00 Uhr — [ ] → 10.10 Uhr
11.45 Uhr — [ ] → 12.05 Uhr
14.10 Uhr — [ ] → 15.15 Uhr

2 Hier ein Ausschnitt aus dem Fernsehprogramm. Gib jeweils an, wie lange die Sendungen dauern.

Wochenvorschau: 30 min

Weltumsegelung: ____________________

____

____

9.30 Uhr	Wochenvorschau
10.00 Uhr	Weltumsegelung mit Familie
10.45 Uhr	Septimus Siebensohn
11.15 Uhr	Poga 1104
12.00 Uhr	Presseclub

Beispiele

Aufgabe: Es ist 8.45 Uhr: Wie spät ist es in 2 h 30 min?

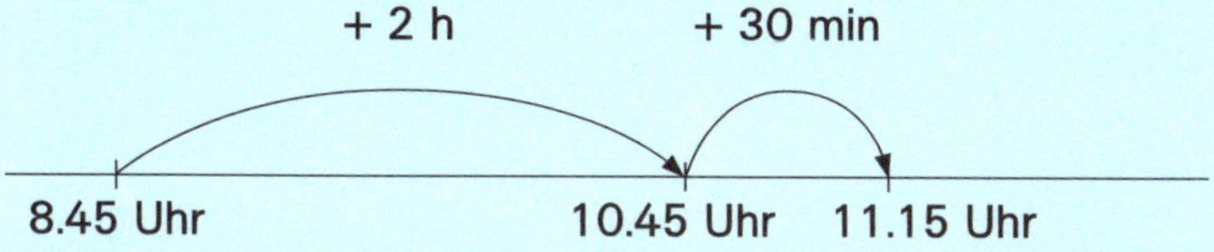

So gehst du vor:
Erst addierst du die vollen Stunden und dann die Minuten.
also: 8.45 Uhr + 2 h 30 min = 11.15 Uhr

Für Könner!

3 An Jana Schule beginnt um 7.45 Uhr der Unterricht. Die erste Stunde dauert 45 min. Dann sind 5 min Pause. Die nächste Stunde ist wieder 45 min lang. Jetzt kommt eine große Pause von 20 min. Nach der dritten Stunde endet der Unterricht. Trage hier die Zeitpunkte ein, wann die Stunden und Pausen jeweils zu Ende waren.

7.45 Uhr					

Für Könner!

4 Fabian hat den Sonntagvormittag so verbracht: 8.45 Uhr aufstehen, 20 min waschen, 30 min frühstücken, 1 h spielen, 1 h 10 min fernsehen, 45 min lesen. Dann musste er zum Mittagessen. Notiere hier die Zeitpunkte, wann er mit dem Waschen, Frühstücken usw. fertig war.

8.45 Uhr					

5 Diese fünf Züge verkehren zwischen Stuttgart und Heidelberg.
Berechne die Fahrzeiten.

Zugnummern	RE 798	RE 516	RE 714	RE 614	RE 512
Stuttgart ab	8.07	9.45	9.56	11.01	11.57
Heidelberg an	9.24	11.01	11.08	12.17	13.14
Fahrzeiten					

Rechnen mit Gewichten

1 Auf einem Lieferwagen liegen 5 Kisten. Sie wiegen 5 400 g; 54 kg; 0,540 t; 0,540 kg und 5,400 t.
Vergleiche ihre Gewichte, und ordne sie so an:

☐ > ☐ > ☐ > ☐ > ☐

2 Vergleiche, und setze jeweils die Zeichen <, =, >.

a)			b)			c)		
32 kg	☐	32 000 g	1,250 t	☐	125 kg	250 kg	☐	$\frac{1}{4}$ t
1,8 kg	☐	18 000 g	0,540 t	☐	54 kg	3 500 kg	☐	3,5 t
0,350 kg	☐	3 500 g	4,125 t	☐	4 125 kg	17 000 kg	☐	1,7 t

Beispiele

Wenn du mit Gewichten rechnen sollst, die verschiedene Einheiten enthalten, wandle sie zuerst in eine gemeinsame Einheit um, und rechne dann. Du bist auf der sicheren Seite, wenn du die Einheit so wählst, dass keine Kommazahlen vorkommen.

Rechne so:

1,735 t + 851 kg + 4,250 t = 1 735 kg + 851 kg + 4 250 kg = 6 836 kg
= 6,836 t

4,250 kg · 7 = 4250 g · 7 = 29 750 g = 29,750 kg

3 Rechne.

a) 0,085 t + 3,712 t + 654 kg = ______________

3,875 kg + 0,560 kg + 125 g = ______________

b) 9,651 t – 873 kg = ______________

26,080 kg – 19,503 kg = ______________

4 Löse jetzt diese Aufgaben im Heft.

a) 12,500 t · 18 b) 8,720 kg · 15 c) 0,871 kg · 21

d) 30,375 kg : 15 e) 3,455 kg : 5 f) 7,440 t : 6

5 a) Mutter packt ein Geschenkpäckchen. Es enthält 250 g Kaffee, eine Pralinenpackung zu 125 g und ein Buch (Gewicht: $\frac{1}{2}$ kg). Die Verpackung wiegt 135 g. Wie schwer wird das Päckchen?

! b) Das Höchstgewicht für Päckchen beträgt 2 kg. Wie viel könnte noch hinein?

6 a) Martin nimmt für seinem Ausflug 375 g belegte Brote mit. Seine Getränke wiegen 1,280 kg. Einen Anorak hat er auch dabei. Er wiegt 425 g und der Rucksack 0,820 kg. Welches Gewicht muss er tragen?

! b) Unterwegs isst er seine Brote, und bis auf 280 g hat er auch all seine Getränke getrunken. Wie viel kg wiegt der Rucksack jetzt?

7 a) Mit einem Lastenaufzug sollen Kisten befördert werden. Sie wiegen 81,750 kg, 65,800 kg, 925 kg und 77 kg. Wie schwer sind sie insgesamt?

b) Der Aufzug darf nur 1,500 t transportieren. Wie viel könnte noch zugeladen werden?

Für Könner!

8 ! a) Ein Päckchen wiegt 180 g. 12 davon sollen in eine Kiste gepackt werden. Wie viel wiegen die Päckchen insgesamt?

b) 12 Päckchen einer anderen Sorte wiegen 5,880 kg. Wie schwer ist jedes Päckchen?

c) Wie viel wiegen 15 Päckchen von dieser Sorte?

9 Ein großes Päckchen wiegt 1,280 kg, ein kleines 850 g.

a) Wie viel wiegen jeweils 8 große, 8 kleine, 15 große, 15 kleine Päckchen?

b) Es sollen in eine Kiste 7 große und 17 kleine Päckchen verpackt werden. Berechne das Gesamtgewicht.

c) In eine andere Kiste passen 6 große und 11 kleine Päckchen.

In diesem Kapitel findest du Anwendungsaufgaben für das, was du gelernt hast. Das sind Aufgaben, die in Textform verfasst sind oder auch in Schaubildern (Diagrammen) versteckt sind.

Sachaufgaben mit Rechenplänen lösen

So löst du Sachaufgaben:

1. Lies die Aufgaben **langsam** und **sorgfältig** durch. Frage dich: Habe ich die Aufgabenstellung verstanden? Weiß ich, was ich rechnen soll?
2. Überlege dir, wie du vorgehen willst. Entwirf einen **Rechenplan** als Lösungshilfe.
3. Führe deinen Plan aus. Achte dabei auf sauberes, **übersichtliches Anordnen** der Einzelrechnungen. Kennzeichne die **Zwischenergebnisse**, und überprüfe durch **Überschlag**, ob dein Ergebnis stimmen kann.

Hier siehst du, wie du einen Rechenplan erstellst:

Für ein Büro werden gekauft:

8 Bleistifte zu je 35 ct
5 Radiergummis zu je 65 ct
6 Kugelschreiber zu je 2,45 €

Wie viel kosten

a) alle Bleistifte?
b) alle Radiergummis?
c) alle Kugelschreiber?
d) Wie teuer ist alles zusammen?

Beispiele

Du kannst dir die Lösung durch einen Rechenplan verdeutlichen:

Preis für Bleistifte		Preis für Radiergummis		Preis für Kugelschreiber	
8	35 ct	5	65 ct	6	2,45 €
280 ct		325 ct		14,70 €	
20,75 €					

Gesamtpreis

1 Im Kinderzirkus kostet der erste Platz 5,50 €, der zweite Platz 4,50 € und der dritte Platz 3,25 €.
Folgende Karten werden verkauft: 15 vom ersten, 21 vom zweiten und 30 vom dritten Platz.

a) Berechne die Einnahmen für jeden Platz.

b) Berechne die Gesamteinnahme. Fülle dazu den Rechenplan aus.

<table>
<tr><td></td><td></td><td></td><td></td><td></td><td></td></tr>
<tr><td colspan="2"></td><td colspan="2"></td><td colspan="2"></td></tr>
<tr><td colspan="6"></td></tr>
</table>

2 Ein Wagen transportiert 4 Sorten von Kisten. Von der ersten Sorte wiegt jede Kiste 5 kg, von der zweiten jede 3,500 kg, von der dritten jede 1,750 kg und von der vierten jede 1,250 kg.
Von der ersten Sorte hat der Wagen 25, von der zweiten Sorte 12, von der dritten Sorte 9 und von der vierten Sorte 15 Kisten geladen.
Berechne das Gesamtgewicht.
Zeichne einen Rechenplan in dein Heft.

3 Vater hat für einen Weinkauf 59,20 € bezahlt. Er kaufte 5 Flaschen für je 5,50 €, 6 Flaschen für je 3,75 € und 4 Flaschen einer dritten Sorte. Wie teuer war die 3. Sorte?

Rechne so:

a) Wie groß ist der Gesamtpreis für die ersten beiden Weinsorten?

b) Wie viel € hat der Vater von den 59,20 € für die 4 Flaschen der 3. Sorte insgesamt ausgegeben?

c) Was kostet eine Flasche der 3. Sorte?

Bei dieser Aufgabe musst du genau überlegen, welche Angaben der Text enthält und wo sie im Rechenplan einzutragen sind.

<table>
<tr><th colspan="2">1. Sorte</th><th colspan="2">2. Sorte</th><th colspan="2">2. Sorte</th></tr>
<tr><td>5</td><td>5,50 €</td><td>6</td><td>3,75 €</td><td>4</td><td></td></tr>
<tr><td colspan="2"></td><td colspan="2"></td><td colspan="2"></td></tr>
<tr><td colspan="6">59,20 €</td></tr>
</table>

Für Könner!

4 Vervollständige diese Rechenpläne.

a)

<table>
<tr><td>3</td><td></td><td></td><td>2,60 €</td><td>4</td><td></td></tr>
<tr><td colspan="2">7,80 €</td><td colspan="2">5,20 €</td><td colspan="2">12,80 €</td></tr>
<tr><td colspan="6"></td></tr>
</table>

b)

<table>
<tr><td>2</td><td></td><td></td><td>1,30 €</td><td>5</td><td></td></tr>
<tr><td colspan="2">11,80 €</td><td colspan="2">3,90 €</td><td colspan="2"></td></tr>
<tr><td colspan="6">29,20 €</td></tr>
</table>

Streifen und Strecken als Lösungshilfe verwenden

Ein Lastwagen, der mit 26 gleich schweren Fässern beladen ist, wiegt 7 098 kg. Unbeladen wiegt er nur noch 2 912 kg.

a) Wie viel kg wiegen die 26 Fässer?

b) Wie schwer ist ein Fass?

Beispiele

Bei dieser Aufgabe kommst du mit einem Rechenplan nicht weiter. Dafür kann dir so ein Streifen helfen.

Gewicht des leeren Lkw **2 912 kg**

Gewicht der **26** Fässer

Gewicht des beladenen Lkw: **7 098 kg**

Gewicht der 26 Fässer:
7 098 kg – 2 912 kg =
4 186 kg

Gewicht eines Fasses:
4 186 kg **: 26 = 161 kg**

1 Herr Huber kauft ein gebrauchtes Auto für 12 800 €. Er gibt seinen Wagen für 3 560 € in Zahlung. Den Rest will er in 12 gleichen Monatsraten bezahlen.

a) Welche Summe muss er in 12 Monatsraten bezahlen?

b) Wie groß ist jede Monatsrate? Auch hier hilft dir ein Streifen.

Übertrage die im Text gemachten Angaben in den Streifen.

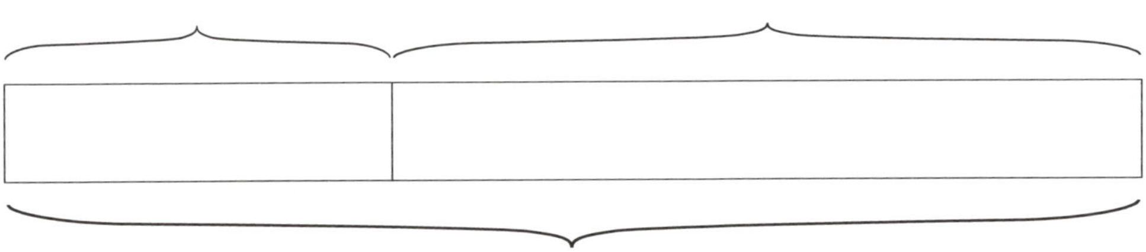

Für Könner!

2 Tina will 150 € sparen. 46,50 € besitzt sie schon. Sie hat noch 23 Wochen Zeit. Wie viel müsste sie jede Woche sparen? Zeichne einen Streifen.

3 Ein Zug fährt in A um 7.20 Uhr ab und kommt in B um 8.40 Uhr an. Von A nach B sind es 93,600 km. Der Zug hält nicht auf der Strecke.
Auch bei solchen Aufgaben macht eine Zeichnung den Sachverhalt deutlicher.

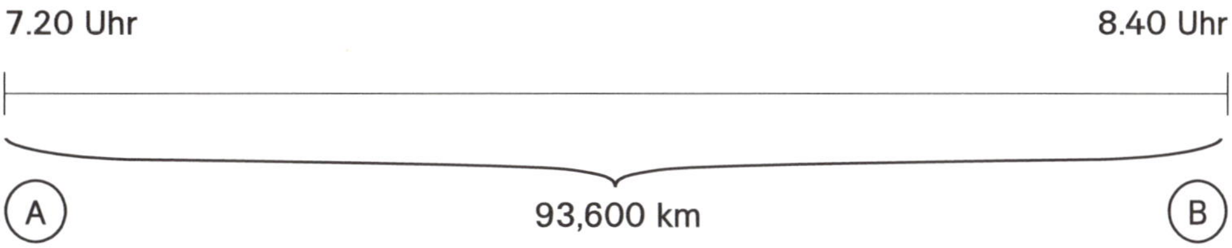

a) Wie lange fährt der Zug? (Du musst die Zeitspanne von 7.20 Uhr – 8.40 Uhr berechnen.)

b) Welche Strecke legt der Zug durchschnittlich in 1 Minute zurück? (Tipp: Für 93,600 km braucht er 80 min, wie viel km schafft er dann in 1 min?)

c) Welche Strecke legt er durchschnittlich in 1 Stunde zurück? (Bedenke: 1 h = 60 min)

4 Ein Vertreter beginnt eine Fahrt mit dem Auto um 7.35 Uhr. Um 8.50 Uhr ist er am 153 km entfernten Ziel. Er fährt ohne Pause.

a) Ergänze die Zeichnung.

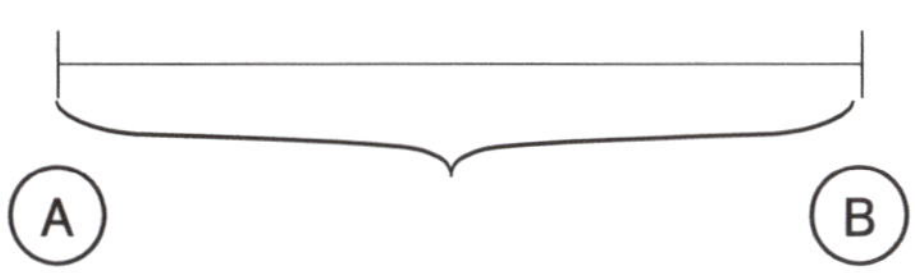

b) Berechne dazu die Fahrzeit.

c) Welche Strecke legt er durchschnittlich in 1 Minute zurück?

d) Welche Strecke fährt er durchschnittlich in 1 Stunde?

Für Könner! **5** Martin fährt mit dem Fahrrad in 1 Stunde durchschnittlich 15 km. Sein Schulweg beträgt 2,750 km. Was kannst du also sofort in die Zeichnung eintragen?

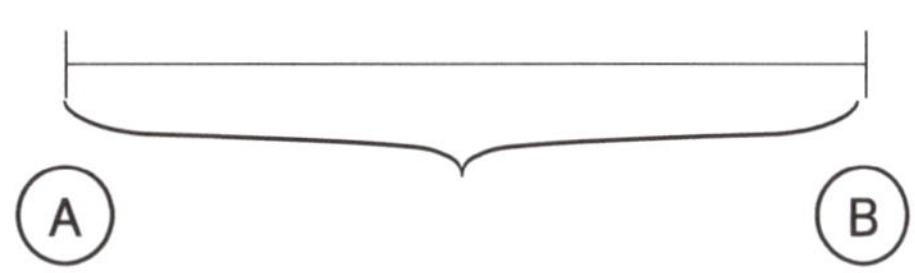

a) Wie viele km fährt er in 1 min? (Bedenke: 15 km fährt er in 1 Stunde und 1 h = 60 min.)

b) Welche Zeit benötigt er für den Schulweg? Überlege: Wenn er 0,250 km in 1 Minute schafft, dann braucht er für den Schulweg
2,750 km : ______ km = ______

c) Wann muss er spätestens aufbrechen, wenn er um 7.45 Uhr in der Schule sein will?

Diagramme und Schaubilder

In Schaubildern oder Diagrammen kannst du **Sachverhalte darstellen** oder auch **ablesen**. Bei Säulen- oder Balkendiagrammen werden immer zwei Größen miteinander verknüpft. Die Höhe der Säule oder die Länge des Balkens muss gut ablesbar sein, denn sie stellt jeweils die Lösung dar.

1 Fiona baut gerne Türme aus kleinen Holzwürfeln, bis sie umfallen. Sie hat das Spiel dreimal gespielt und folgende Ergebnisse erzielt. Jedes Kästchen stellt einen Würfel dar.

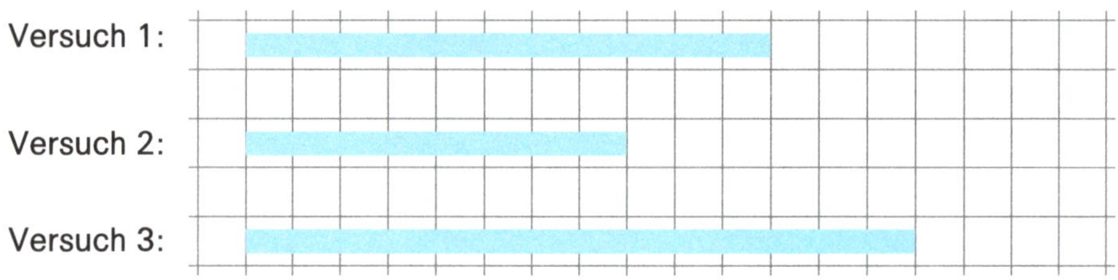

a) Schreibe hinter jeden Balken, wie viele Würfel der Turm jeweils hoch war.

b) Wie groß ist der Mittelwert?

3 In diesem Diagramm sind die Zuschauerzahlen der letzten 5 Heimspiele von Yanniks Lieblingsmannschaft dargestellt.

a) Fülle die Tabelle aus!

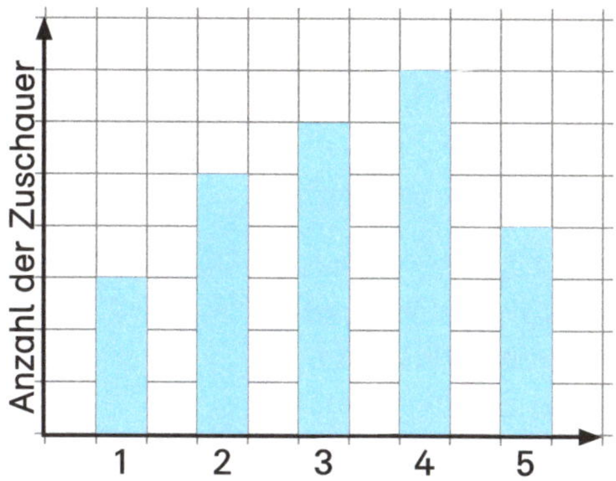

Spiel Nr.	Zuschauer
1	3000

b) Berechne die durchschnittliche Zuschauerzahl.

Signalwörter

In den Texten vieler Aufgaben stehen Wörter, die dir verraten, welche Rechenart oder Rechenarten du anwenden kannst, um sie zu lösen. Achte auf Wörter wie **„hinzufügen“**, **„reduzieren“**, **„dreimal“**, **„verteilen“** usw. Das sind **Signalwörter**, die Addition, Subtraktion, Multiplikation und Division verlangen.

1 Jede der folgenden Aufgaben kannst du in zwei Rechenschritten lösen, wenn du die Signalwörter erkennst und entsprechend rechnest. Unterstreiche die Signalwörter.

a) Martin hat heute schon 97 Puzzlesteine in das Bild eingesetzt. Wenn er noch 53 Teile hinzufügt, muss er noch dreimal so viel einsetzen, bis er fertig ist.
Aus wie vielen Teilen besteht das Puzzle?

b) Inga überlegt: Wenn ich meine 96 grünen Perlen an Iris, Lea und mich verteile und anschließend jede ihre Perlen um 17 reduziert, dann hat jede von uns 15.
Prüfe nach, ob Inga recht hat.

2 Unterstreiche auch hier die Signalwörter, ehe du rechnest.

Frau Schneider kauft für ihre Klasse 116 Holzscheiben. An jedes Kind verteilt sie 4 Stück, damit sie Automodelle herstellen können.

3 In der Autofabrik wurden in der letzten Stunde 55 Räder montiert. Zum Befestigen der Räder werden fünfmal so viele Radmuttern benötigt.
Ben will die Anzahl der Radmuttern wissen und rechnet:
$55 : 5 = 11$
Unterstreiche im Text das Signalwort, und berichtige Bens Rechnung.

Unterstreiche in den folgenden Aufgaben die Signalwörter.
Rechne dann im Heft.

4 Kims kleine Schwester Lisa ist 1,23 m weit gesprungen. Ihr Bruder schaffte 46 cm mehr und Kim kam zweimal so weit wie Lisa. Wie weit sprangen Kims Bruder und Kim?

5 Der Mond ist etwa neunmal so weit von der Erde entfernt, wie eine Reise um die Erde lang ist. Wie viele Kilometer ist der Mond von der Erde entfernt? Rechne mit einem Erdumfang von 40 000 km.

Für Könner!

6 ! Leons Herz schlägt in 3 Stunden 12 240-mal. Lisas Herz schlägt in derselben Zeit 13 680-mal. Leon überlegt, wie oft jedes ihrer Herzen wohl pro Minute schlägt?

7 Herr Schmitz hat 3 236 € auf seinem Konto. Er hebt 1 024 € ab, weil er einige Rechnungen zu bezahlen hat. Vier Tage später wird ihm sein Arbeitslohn in Höhe von 2 318 € überwiesen. Wie viel Euro hat er nun auf seinem Konto?

8 Herr Müller hat heute 4 712 € in seinem Juwelierladen eingenommen. 4 000 € davon bringt er zur Bank. Die Hälfte des restlichen Betrages lässt er als Wechselgeld in der Kasse. 300 € erhält eine Aushilfskraft, und von dem übrig gebliebenen Betrag tankt er sein Auto auf. Wie viel bezahlt er fürs Tanken?

Für Könner!

9 ! Der Wärter im Zoo gibt den vier Papageien monatlich 600 Erdnüsse als Leckerlein. Coco frisst 240 Stück, Lora nimmt sich vom Rest die Hälfte. Tilly reduziert die Menge, die noch da ist, um 90 Stück, und Minni frisst, was die anderen ihm übrig gelassen haben.

a) Wie viele Erdnüsse bekommt Minni?

b) Wie viele Erdnüsse frisst jeder Papagei pro Tag? Rechne den Monat mit 30 Tagen.

Aufgabentexte finden

Sachaufgaben sind **Rechenaufgaben**, die **als Geschichte** mit Wörtern aufgeschrieben sind. Wenn du nun Rechenaufgaben vor dir siehst und dir dazu eine Geschichte einfällt, die zur Aufgabe passt, hast du selbst eine Sachaufgabe verfasst. Du kannst sie ja einmal deinen Eltern zur Lösung vorlegen.

1 Welcher Text passt zur folgenden Aufgabe? Kreuze an.

Rechnung: 738 kg · 17 = ____________________

☐ a) Ein 738 kg schwerer Lkw wurde 17-mal beladen. Wie schwer ist er?

☐ b) Eine Palette mit Steinen wiegt 738 kg. An einer Baustelle werden 17 Paletten benötigt. Wie viele kg wiegt die gesamte Ladung?

☐ c) Carina wiegt 17 kg. Wie schwer ist sie in 738 Tagen?

☐ d) Die Ladung eines Lkw ist 738 kg schwer. 17 kg kommen noch hinzu. Wie schwer ist die Ladung jetzt?

2 Anna hat zu der folgenden Rechnung einen Aufgabentext geschrieben. Er enthält einen Fehler. Berichtige ihn.

Rechnung: 2 795 € : 5 = 559 €

Vier Lottospieler teilen sich ihren Gewinn von 2 795 €. Wie viel Euro bekommt jeder Spieler?

Für Könner!

3 Welche Wörter kannst du nicht für den Text verwenden, der zu dieser Aufgabe passen soll? Streiche sie durch.

Rechnung: 6 067 € – 4 250 € + 810 € = ______________

ausgegeben | gespart | verloren | mietet | kauft | erhält | kann | singt

Herr Meyer hat 6 067 € ______________. Er ____________ sich für 4 250 € ein gebrauchtes Auto. Für sein altes Auto ____________ er noch 810 €. Wie viel Euro hat er nun noch auf seinem Sparbuch?

Fragen ableiten

Nicht immer steht am Ende eines Aufgabentextes eine Frage. Wenn du die Aufgabe lösen willst, musst du dir erst klar darüber werden, **was die Aufgabe will.** Dabei ist es hilfreich, wenn du dir die Situation, die im Text beschrieben wird, vorstellst. Dann fällt dir sicher bald auch eine passende Frage ein. Beachte beim Rechnen, ob **Größenangaben** (€, kg, m usw.) genannt sind, und setze sie hinter die Zahlenangaben. Formuliere nach dem Rechnen eine **Antwort**, die genau zur Frage passt.

1 Hanna fährt jeden Morgen mit dem Fahrrad zur Schule. Sie braucht für die Strecke 13 Minuten. Heute fährt sie um 7.32 Uhr von zu Hause los.

Welche der folgenden Fragen passt zur Aufgabe? Kreuze an, und rechne dann.

☐ a) Wie lange braucht Hanna heute für die Strecke?

☐ b) Um wie viel Uhr kommt Hanna an der Schule an?

☐ c) Wie lang ist die Strecke zur Schule?

☐ d) Wann fährt Hanna heute los?

Rechnung: ______________________________

Antwort: ______________________________

2 Mutter hat im Supermarkt für insgesamt 36,96 € eingekauft. Sie bezahlt mit einem 50-€-Schein.

Kreuze die Frage an, die zum Aufgabentext passt.

☐ a) Wie viel Geld ist das insgesamt?

☐ b) Reicht das Geld, um die Rechnung zu bezahlen?

☐ c) Wie viel Geld bekommt Mutter zurück?

Rechnung: ______________________________

Antwort: ______________________________

Symmetrische Figuren

Durch Falten oder Spiegeln entstehen **symmetrische Figuren**. Die Faltachse und die Spiegelachse heißen auch **Symmetrieachse**.

1 Welche symmetrischen Figuren entstehen hier?
Zeichne sie jeweils in dein Heft.

a) 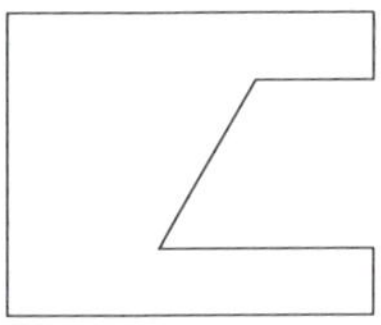

b) 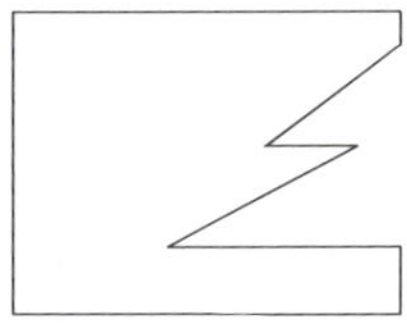

c) 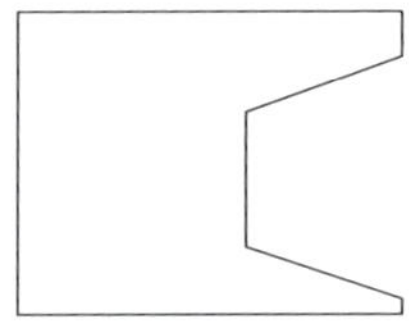

2 Spiegele die Figuren.

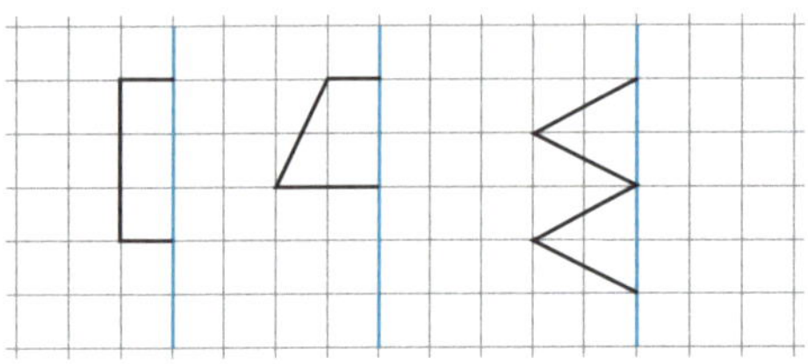

Willst du feststellen, ob eine Figur symmetrisch ist, so muss sie mindestens eine **Faltachse (Symmetrieachse)** besitzen. Beide Teile der Figur müssen sich also beim Falten (Spiegeln) an dieser Achse decken.

3 Sind die hier eingezeichneten Achsen wirklich Faltachsen (Spiegelachsen)? Notiere ja oder nein.

a) 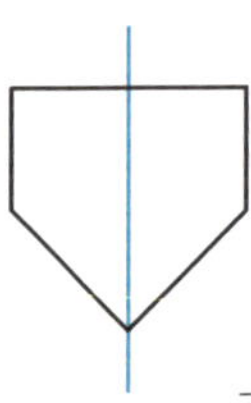 ______

b) 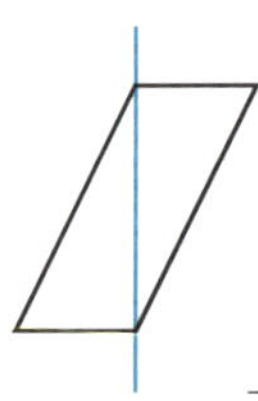 ______

c) 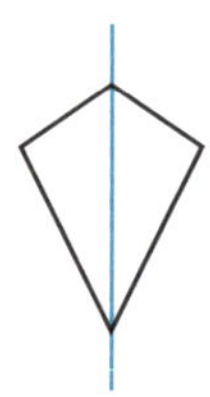 ______

4 Welche dieser Figuren sind symmetrisch?
Kannst du ihre Spiegelachse (Symmetrieachse) einzeichnen?

a) 

b) 

c) 

Würfel und Quadernetze

1 Baue in deiner Vorstellung aus den Netzen Würfel oder Quader. Dabei soll die farbige Seite immer unten liegen. Beschrifte die Lage der anderen Seiten mit **o** für oben, **l** für links, **r** für rechts, **v** für vorne und **h** für hinten.

a)

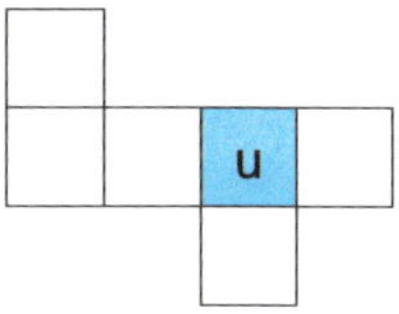

b)

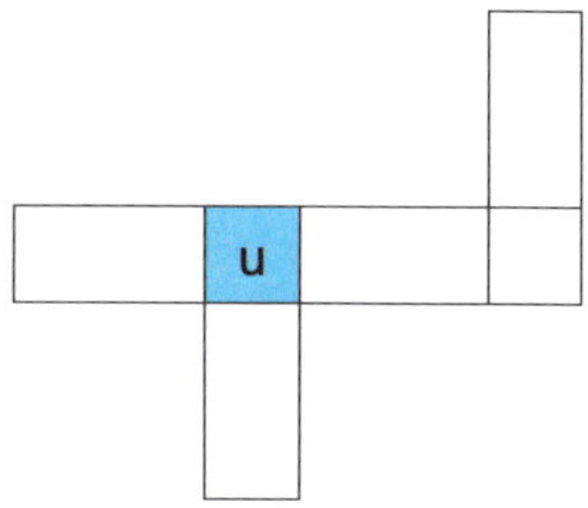

c)

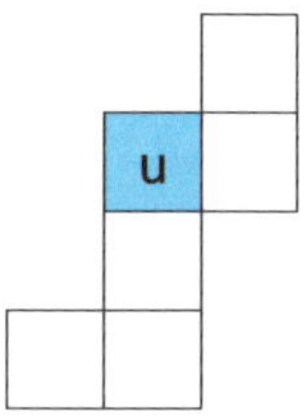

d)

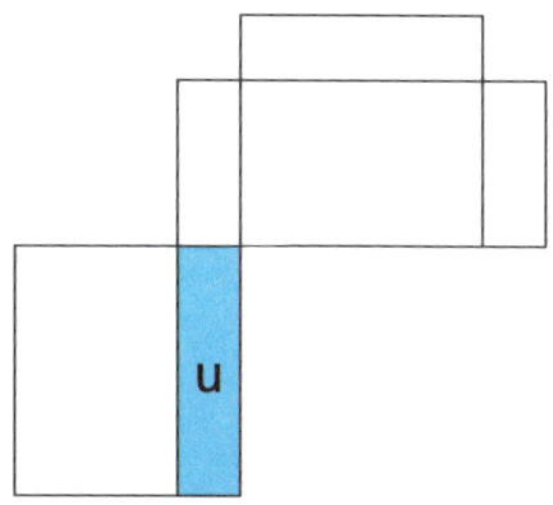

Für Könner!

2 Falte die Netze in Gedanken zu Würfeln. Wie oft passt der kleine Würfel jeweils in die größeren hinein?

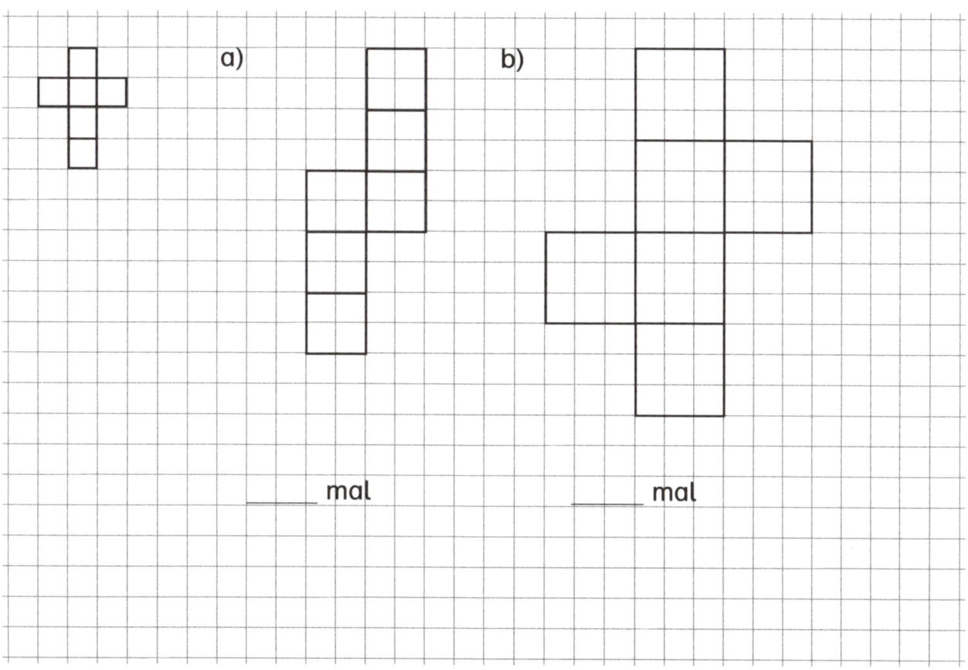

Grundrechenarten	
Addition / addieren (zusammenzählen)	Summand + Summand = Summe plus
Subtraktion / subtrahieren (abziehen)	Minuend – Subtrahend = Differenz minus
Multiplikation / multiplizieren (malnehmen)	Faktor · Faktor = Produkt mal
Division / dividieren (teilen)	Dividend : Divisor = Quotient geteilt durch
Größen	
Geld	Euro (€), Cent (ct)
Längen	Kilometer (km), Meter (m), Dezimeter (dm), Zentimeter (cm), Millimeter (mm)
Gewichte	Tonne (t), Kilogramm (kg), Gramm (g)
Volumen (Hohlmaße)	Liter (l), Milliliter (ml)
Zeit	Stunde (h), Minute (min), Sekunde (s)
Geometrie	
Linien	Strecke  Strahl  Senkrechte  Parallele 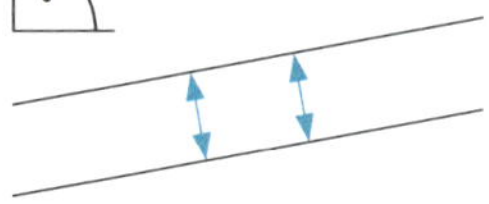
Flächen	Quadrat  Rechteck 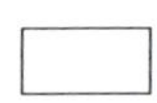 Kreis  Dreieck 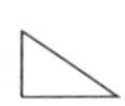 Symmetrieachse 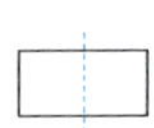
Körper	Würfel  Quader 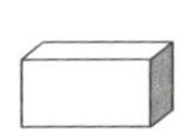 Körpernetze 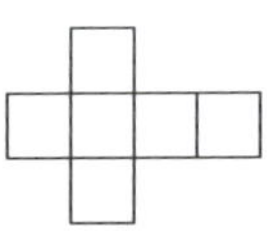

Seiten 8 – 9

1. Jeder Seehund bekommt einen Fisch. Zwei Fische bleiben übrig.
2. Jeder Affe erhält genau eine Banane. (5 Affen / 5 Bananen) Ein Kaninchen bekommt keine Möhre. (7 Kaninchen / 6 Möhren)
3. 

Seiten 10 – 11

1. 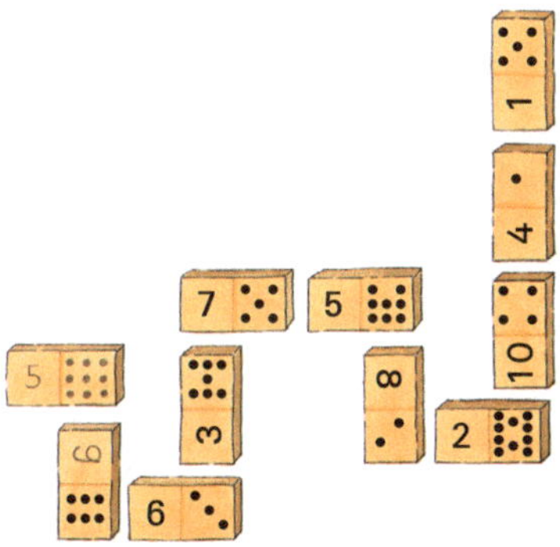

2. 1 + 7; 3 + 6; 4 + 4; 3 + 5; 6 + 3; 7 + 2; 2 + 6; 4 + 6; 5 + 4; 2 + 8; 3 + 7; 5 + 5
3.

8	9	10
3 + 5	3 + 6	3 + 7
2 + 6	5 + 4	5 + 5
1 + 7	7 + 2	4 + 6
4 + 4	6 + 3	2 + 8

Seiten 12 – 13

1. **Kalender:**
   1 Montag
   2 Dienstag
   3 Mittwoch
   4 Donnerstag
   5 Freitag
   6 Samstag
   7 Sonntag
   8 Montag
   9 Dienstag
   10 Mittwoch
   11 Donnerstag
   12 Freitag

Uhr: Beginne rechts neben der 12, und trage beim ersten Strich eine 1 ein, dann eine 2 usw.

Telefon:
1 – 2 – 3
4 – 5 – 6
7 – 8 – 9
* – 0 – #

Taschenrechner:
7 – 8 – 9
4 – 5 – 6
1 – 2 – 3

Lineal: Beginne rechts neben der 1, und trage beim ersten Strich eine 2 ein, dann eine 3 usw.

Die **Geldscheine** sind von oben nach unten: 5 €, 10 €, 20 €.
Die **Münzen** sind von links oben nach rechts unten: 20 ct, 2 ct, 1 ct, 5 ct, 1 €.

Seiten 14 – 15

1. Die Kinder erhalten von links nach rechts folgende Startnummern:

   3 | 1 | 2 | 4 | 5

2. >, <, =
3. 4 < 7   18 > 5
   6 > 3   12 < 17
   2 < 9   13 = 13
4. Die Kinder stehen an folgenden Stellen (von links nach rechts):
   5. / 3. / 9. / 1.

Seiten 16 – 17

1. Kinder: 4 + 2 = 6
   Sandformen: 3 + 2 = 5
   Vögel: 4 + 3 = 7
2. 4 + 3 = 7
3. Blumen: 7 – 3 = 4
   Äpfel: 8 – 2 = 6
   Socken: 10 – 4 = 6
4. 6 – 3 = 3

Seiten 18 – 19

1. blau, grün, grün, blau, blau, blau, grün

   grün, grün, blau, grün, grün, blau, blau, grün, grün, grün

   grün, blau, grün, blau, blau, blau, grün, grün, blau

zu Seiten 18–19

2. 4 + 3 = 7 oder 3 + 4 = 7
   3 + 7 = 10 oder 7 + 3 = 10
   5 + 4 = 9 oder 4 + 5 = 9

3. 4 + 3 + 5 = 12; 3 + 7 + 4 = 14
   Es sind 12 blaue und 14 grüne Vögel.

4. 5 – 2 = 3; 8 – 2 = 6; 7 – 3 = 4

5. 3 ergeben (grün): 6 – 3 | 9 – 6
   5 ergeben (blau): 9 – 4 | 2 + 3 | 7 – 2
   6 ergeben (gelb): 3 + 3 | 6 – 0
   7 ergeben (rot): 4 + 3 | 5 + 2 | 10 – 3
   8 ergeben (braun): 3 + 5 | 10 – 2

Seiten 20–21

2. Ergänzt werden die grünen Zahlen:

1 | 2 | 3   8 | 9 | 10 | 11   4 | 5 | 6 | 7

12 | 13 | 14   16 | 17 | 18

3. Lisa springt auf die Steine 2, 4, 6, 8, 10, 12, 14, 16, 18, 20.

4. Jan springt auf 3, 6, 9, 12, 15, 18.

5. **Lisa:** 20, 18, 16, 14, 12, 10, 8, 6, 4, 2
   Jan: 20, 17, 14, 11, 8, 5, 2

Seiten 22–23

		Z	E
1. **Julia:**	10 + 6 = 16	1	6
Jan:	10 + 4 = 14	1	4
Nele:	10 + 5 = 15	1	5

2. Julia hat die meisten Bonbons.

3. 10 + 3 = 13   10 + 6 = 16
   10 + 8 = 18   10 + 4 = 14
   10 + 2 = 12   10 + 10 = 20

   19 – 9 = 10
   17 – 7 = 10
   12 – 2 = 10

   Die Kinder bekommen einen Plüschdrachen geschenkt.

Seiten 24–25

1. 13 + 5 = 18, 3 + 5 = 18 | 19 – 6 = 13, 9 – 6 = 3
   14 + 3 = 17, 4 + 3 = 7 | 16 – 4 = 12, 6 – 4 = 2
   12 + 7 = 19, 2 + 7 = 9 | 17 – 2 = 15, 7 – 2 = 5

2. 11 + 1 = 12   18 – 6 = 12
   12 + 2 = 14   17 – 5 = 12
   13 + 3 = 16   16 – 4 = 12
   14 + 4 = 18   15 – 3 = 12

3. Schiff 12 (rot): 19 – 7, 16 – 4
   Schiff 14 (gelb): 17 – 3
   Schiff 15 (grün): 18 – 3
   Schiff 17 (blau): 11 + 6, 12 + 5

4. Die Kisten 15 + 3 = 18 und 18 – 5 = 13 bleiben übrig.

Seiten 26–27

1.

4 Bonbons	8 Bonbons	4	8
6 Bälle	12 Bälle	6	12
3 Fische	6 Fische	3	6
2 Stifte	4 Stifte	2	4

2. 2, 4, 6, 8, 10. Das ergibt ein Haus.

3. Jedes Kind erhält acht Stücke.
   16 = 8 + 8

4. 18 = 9 + 9;
   20 = 10 + 10 (die rote Linie muss hier in der Mitte waagrecht teilen);
   12 = 6 + 6 (die rote Linie muss hier wieder senkrecht durch die Mitte gehen).

Seiten 28–29

1. Es gibt verschiedene Möglichkeiten, die Autos kreuzungsfrei zu verbinden. Nicht immer ist die kürzeste Verbindung die geschickteste! Achte beim Verbinden darauf, dass ein Auto nicht von Linien eingeschlossen wird.

2. **gerade Zahlen:**
   2, 4, 6, 8, 10, 12, 14, 16, 18, 20
   ungerade Zahlen:
   1, 3, 5, 7, 9, 11, 13, 15, 17, 19

3. Es ergibt sich ein Auto.

Seiten 30–31

1. 7 + 3 = 10; 4 + 6 = 10
   8 + 2 = 10; 5 + 5 = 10

2. Es sind insgesamt 40 Blumen.

3.

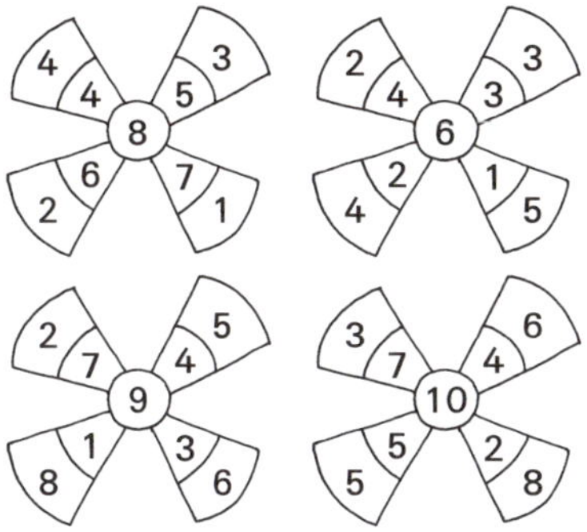

Seiten 32–33

1. 7 + 8 = 15; 7 + 3 + 5 = 15
   Sie hat schon 15 Dosen eingeräumt.

2. 6 + 5 = 11 | 7 + 6 = 13
   6 + 4 + 1 = 11 | 7 + 3 + 3 = 13

   8 + 4 = 12 | 9 + 7 = 16
   8 + 2 + 2 = 12 | 9 + 1 + 6 = 16

3. 15 − 8 = 7 | Es bleiben 7 Äpfel übrig.
   15 − 5 − 3 = 7

4. 14 − 6 = 8 | 12 − 8 = 4
   14 − 4 − 2 = 8 | 12 − 2 − 6 = 4

   16 − 9 = 7 | 13 − 7 = 6
   16 − 6 − 3 = 7 | 13 − 3 − 4 = 6

Seiten 34–35

1. 8 + 5 = 13 | 16 − 9 = 7
   8 + 2 + 3 = 13 | 16 − 6 − 3 = 7

   9 + 7 = 16 | 6 + 8 = 14
   9 + 1 + 6 = 16 | 6 + 4 + 4 = 14

   7 + 5 = 12
   7 + 3 + 2 = 12

   14 − 8 = 6 | 13 − 5 = 8
   14 − 4 − 4 = 6 | 13 − 3 − 2 = 8

   11 − 7 = 4
   11 − 1 − 6 = 4

2. Istanbul

3. Folgende Gepäckstücke gehören
   Opa Nepomuk: 8 + 5, 6 + 7, 9 + 4
   Baby Floh: 7 + 8
   Lizzy: 13 − 8
   Lenny: 12 − 5, 16 − 9

Seiten 36–37

1. 5 + 6 = 11 | 13 − 7 = 6
   11 − 6 = 5 | 6 + 7 = 13

   9 + 4 = 13 | 12 − 5 = 7
   13 − 4 = 9 | 7 + 5 = 12

   8 + 5 = 13 | 16 − 9 = 7
   13 − 5 = 8 | 7 + 9 = 16

2. 7 + 6 = 13 | 12 − 5 = 7
   7 + 7 = 14 | 12 − 6 = 6
   7 + 8 = 15 | 12 − 7 = 5

3. 8 + 8 = 16;
   8 + 7 = 15 | 7 + 8 = 15
   8 + 9 = 17 | 9 + 8 = 17

   14 − 7 = 7;
   14 − 6 = 8 | 13 − 7 = 6
   14 − 8 = 6 | 15 − 7 = 8

Seiten 38–39

1. Beide Kinder haben recht, denn
   2 + 3 = 5 und 3 + 2 = 5.

2. 2 + 5 = 7 | 5 + 7 = 12
   5 + 2 = 7 | 7 + 5 = 12

   4 + 9 = 13 | 6 + 8 = 14
   9 + 4 = 13 | 8 + 6 = 14

   1 + 4 = 5 | 7 + 9 = 16
   4 + 1 = 5 | 9 + 7 = 16

3. 6 + 5 = 11 | 6 + 8 = 14
   11 − 5 = 6 | 14 − 8 = 6

   9 + 3 = 12
   12 − 3 = 9

   20 − 6 = 14 | 15 − 8 = 7
   14 + 6 = 20 | 7 + 8 = 15

   12 − 5 = 7
   7 + 5 = 12

4. 7 + 5 = 12 | 8 + 6 = 14
   5 + 7 = 12 | 6 + 8 = 14

   12 − 5 = 7 | 14 − 6 = 8
   12 − 7 = 5 | 14 − 8 = 6

Seiten 40–41

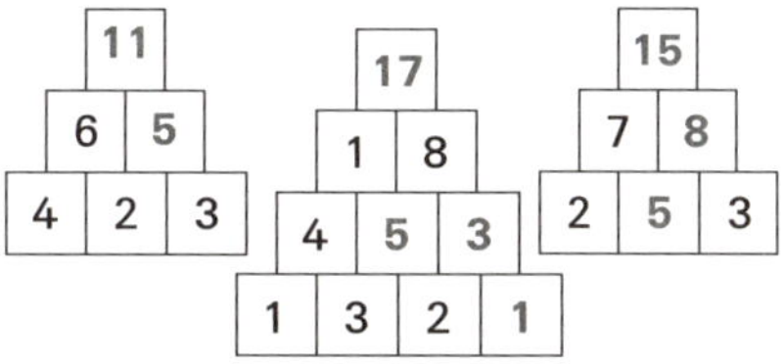

Tipp: Überlege immer, wo die größte Zahl stehen muss.

zu Seiten 40–41

2. a)

	9	
5	4	
2	3	1

oder

	9	
4	5	
1	3	2

b)

	13	
8	5	
5	3	2

oder

	13	
5	8	
2	3	5

3. 3 + 8 – 6 + 9 – 4 = 10
   6 + 8 – 6 + 9 – 4 = 13
   5 + 8 – 6 + 9 – 4 = 12
   8 + 8 – 6 + 9 – 4 = 15

Seiten 42–43

1. B – AX 275: 2 + 7 + 5 = 14
   H – SV 937: 9 + 3 + 7 = 19
   M – UT 458: 4 + 5 + 8 = 17
   GÜ – TE 526: 5 + 2 + 6 = 13
   F – IT 479: 4 + 7 + 9 = 20
   W – AU 614: 6 + 1 + 4 = 11

2. HB – T 237: 2 + 3 + **7** = 12
   GE – LD 448: 4 + **4** + 8 = 16
   DD – IL 875: **8** + 7 + 5 = 20
   LU – ST 356: 3 + 5 + **6** = 14

3. 15:

2	**7**	6
9	**5**	**1**
4	3	8

18:

3	8	7
10	**6**	**2**
5	4	**9**

Seiten 44–45

1. Mark hat 12 € gespart.
   Lara hat 18 € gespart.

2. 6 € + 3 € = 9 €
   Mark muss 9 € bezahlen.

3. 18 € – 6 € = 12 €
   Lara hat 12 € übrig.

4. Bitte einen Erwachsenen, deine Aufgaben zu überprüfen.

Seiten 46–47

1. **innerer Kreis (morgens):**
   1, 2, 3, 4, 5, 6, 7, 8, 9, 10, 11, 12
   äußerer Kreis (nachmittags bzw. abends):
   13, 14, 15, 16, 17, 18, 19, 20, 21, 22, 23, 24/0

2. 6 Uhr/18 Uhr 3 Uhr/15 Uhr
   10 Uhr/22 Uhr

3. 6 Uhr 9 Uhr
   16 Uhr 21 Uhr

4.

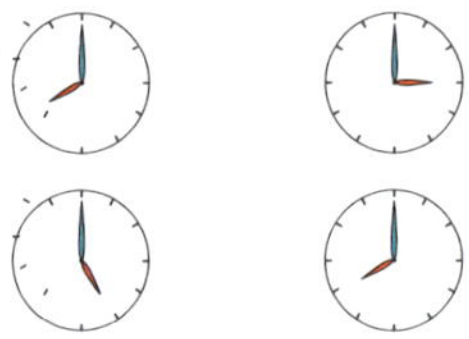

Seiten 48–49

1. b) Dienstag
   c) Ali hat am Freitag, den 24. Juni Geburtstag.
   d) Sonntage sind der 5., 12., 19. und der 26. Juni.

2. 20 – 12 = 8
   Es sind noch 8 Schaumküsse übrig.

3. 8 + 6 = 14
   Es liegen 14 Speckmäuse auf dem Teller.

4. 8 € + 4 € + 4 € = 16 €
   Ninas Mutter muss 16 € bezahlen.

5. **16 €:** zwei 5-€-Scheine und drei 2-€-Münzen oder drei 5-€-Scheine und eine 1-€-Münze oder acht 2-€-Münzen oder ein 10-€-Schein, eine 2-€-Münze und vier 1-€-Münzen
   (Es gibt noch weitere Möglichkeiten.)

Seiten 50–51

1. 11 + 9 = 20
   Es sind 20 Kinder in der Klasse.

2. 12 – 4 = 8
   8 Kinder sind noch im Schwimmbecken.

3. 20 – 3 = 17
   17 Kinder haben keine Badekappe auf.

4. 8 + 3 + 2 = 13
   Es sind 13 Kinder.

5. Es ist 16 Uhr.

6. Sie können noch 3 Stunden bleiben.

Seiten 52 – 53

1./2.

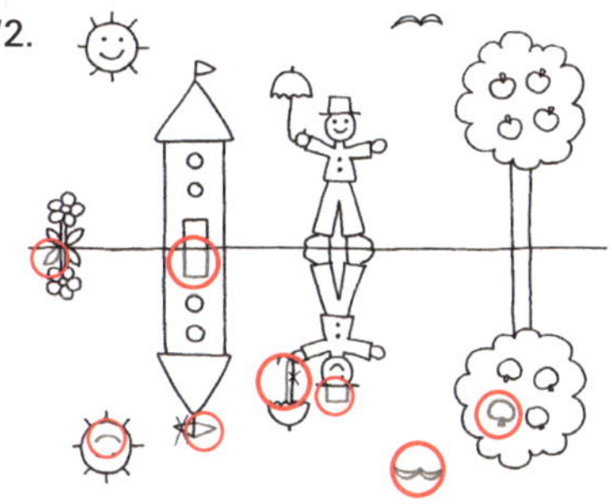

3.

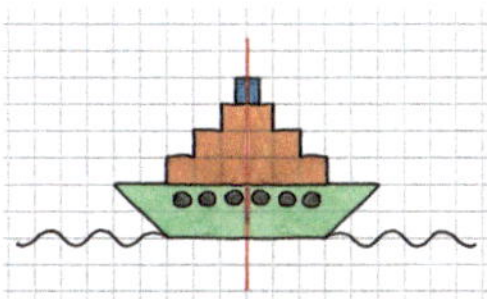

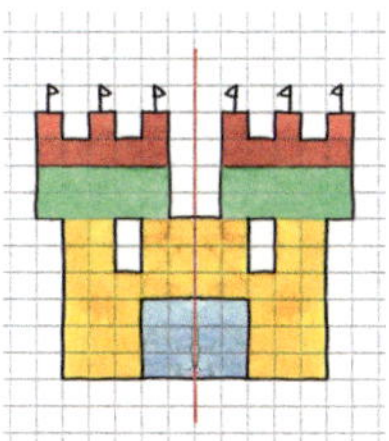

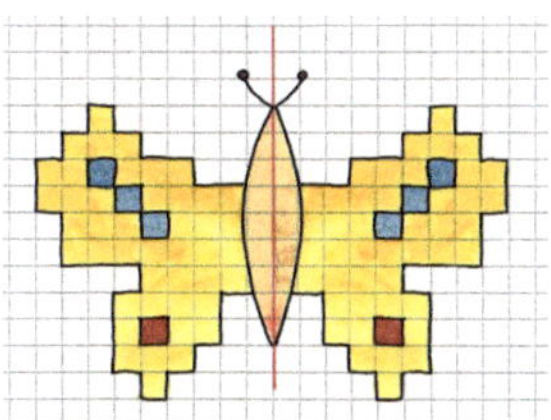

Seiten 54 – 55

1.

2.  3

 7

 4

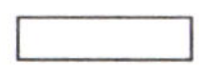 4

3. Quadrat: 

Dreieck: 

Kreis: 

Rechteck: 

4.

Seiten 56 – 57

1. 5 + 2 8 + 1 2 + 6
35 + 2 98 + 1 92 + 6
4 + 5 3 + 3
84 + 5 43 + 3

2.
8 – 4 = 4 9 – 4 = 5 7 – 3 = 4
18 – 4 = 14 29 – 4 = 25 77 – 3 = 74
6 – 5 = 1 5 – 2 = 3
56 – 5 = 51 45 – 2 = 43

3. lila: 51 + 3 = 54 59 – 5 = 54
rot: 90 – 3 = 87 81 + 6 = 87
blau: 30 + 2 = 32 38 – 6 = 32
31 + 1 = 32
gelb: 70 – 1 = 69 62 + 7 = 69
61 + 8 = 69 63 + 6 = 69

4.
88 – **8** = 80; 88 – **2** = 86; 88 – **7** = 81;
88 – **1** = 87; 88 – **5** = 83

Seiten 58 – 59

1. erstes Gespenst: 86 → + 4 → 90; 90 → – 4 → 86
zweites Gespenst: 71 → + 9 → 80; 80 → – 9 → 71
drittes Gespenst: 85 → + 5 → 90; 90 → – 5 → 85

Das erste Gespenst bekommt ein Glas Spinnensaft!

2. 37 + 5 — 42 – 5
69 + 8 — 77 – 8
55 + 8 — 63 – 8
46 + 8 — 54 – 8
18 + 5 — 23 – 5

3. 87 + 6 36 + 9
93 – 6 45 – 9
Die Kerze mit der Rechnung 84 + 9 bleibt weiß.

4. a)

+ 6	
25	31
66	72
88	94
39	45
47	53
94	100

– 9	
24	15
73	64
67	58
56	47
9	0
100	91

5. 14 → + 7 → 21; 21 → – 7 → 14
36 → + 10 → 46; 46 → – 10 → 36
89 → + 5 → 94; 94 → – 5 → 89

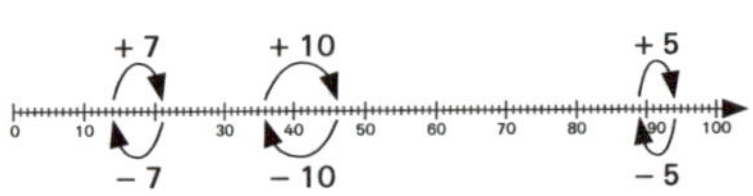

Seiten 60 – 61

1. 46 → + 23 → 69; 46 → + 20 → 66 → + 3 → 69
35 → + 62 → 97; 35 → + 60 → 95 → + 2 → 97
52 → + 47 → 99; 52 → + 40 → 92 → + 7 → 99

2. 52 + 37 = 89 65 + 21 = 86
44 + 22 = 66 12 + 35 = 47
41 + 48 = 89

3. 36 + 42 = 78 73 + 24 = 97
36 + 40 = 76 73 + 20 = 93
76 + 2 = 78 93 + 4 = 97
12 + 57 = 69
12 + 50 = 62
62 + 7 = 69

4. 34 + 12 = 46 34 + 65 = 99
34 + 34 = 68 34 + 50 = 84
34 + 55 = 89

5. F: Wie viel kosten die Einkäufe zusammen?
R: 24 € + 6 € + 17 € + 3 € = 50 €
A: Die Einkäufe kosten genau 50 €.

Seiten 62 – 63

1. 35 → – 14 → 21; 35 → – 10 → 25 → – 4 → 21
67 → – 43 → 24; 67 → – 40 → 27 → – 3 → 24
78 → – 34 → 44; 78 → – 30 → 48 → – 4 → 44
73 → – 22 → 51; 73 → – 20 → 53 → – 2 → 51
99 → – 56 → 43; 99 → – 50 → 49 → – 6 → 43
45 → – 25 → 20; 45 → – 20 → 25 → – 5 → 20

2. 77 – 12 = 65
69 – 25 = 44
98 – 45 = 53
46 – 14 = 32
100 – 1 = 99

3. R: 12 + 25 + 45 + 14 + 1 = 97
A: Der kleine Waschbär hat Glück, er bekommt keine Bauchschmerzen.

4. 25 – **21** = 4 50 – **28** = 22
49 – **16** = 33 36 – **22** = 14
21 + 28 + 16 + 22 = 87
Insgesamt 87 Strümpfe haben Löcher.

Seiten 64 – 65

2. 39 + 14 = 53 G
28 + 37 = 65 U
17 + 17 = 34 O
Das asiatische Mädchen heißt Guo.

3. 9 + 9 = 18 R
26 + 8 = 34 O
38 + 4 = 42 S
49 + 42 = 91 E
Das australische Mädchen heißt Rose.

4. 26 + 16 = 26 + 10 + 6 = 42 S
58 + 33 = 58 + 30 + 3 = 91 E
17 + 25 = 17 + 20 + 5 = 42 S
19 + 7 = 26 I
Das afrikanische Mädchen heißt Sesi.

5. 37 + 38 = 30 + 30 + 7 + 8 = 75 N
8 + 18 = 10 + 8 + 8 = 26 I
46 + 24 = 40 + 20 + 6 + 4 = 70 C
78 + 22 = 70 + 20 + 8 + 2 = 100 K
Der amerikanische Junge heißt Nick.

Seiten 66 – 67

1. 44 – 28 = 16
44 – 20 = 24
24 – 8 = 16

73 – 18 = 55
73 – 10 = 63
63 – 8 = 55

56 – 49 = 7
56 – 40 = 16
16 – 9 = 7

2. 45 – 37 = 45 – 30 – 7 = 8
62 – 56 = 62 – 50 – 6 = 6
38 – 19 = 38 – 10 – 9 = 19

3. 92 – 57 = 35
36 – 28 = 8
85 – 36 = 49

82 – 26 = 56
54 – 47 = 7
74 – 49 = 25

4. 96 m – 28 m = 68 m
96 m – 20 m = 76 m
76 m – 8 m = 68 m
74 m – 37 m = 37 m
74 m – 30 m = 44 m
44 m – 7 m = 37 m

Seiten 68 – 69

1. 10 + 10 + 10 = 30 ct
3 · 10 = 30 ct
10 + 10 + 10 + 10 + 10 + 10 = 60 ct
6 · 10 = 60 ct
5 + 5 + 5 + 5 = 20
4 · 5 = 20
5 + 5 + 5 + 5 + 5 + 5 + 5 = 35
7 · 5 = 35

2. **Zehner-Reihe:**
10, 20, 30, 40, 50, 60, 70, 80, 90, 100;
Fünfer-Reihe:
5, 10, 15, 20, 25, 30, 35, 40, 45, 50

3. Es sind 9 Bärentatzen und 45 Zehen.

4. 100 : 10 = 10; 4 · 10 = 40; 25 : 5 = 5;
7 · 5 = 35; 5 · 9 = 45; 8 · 10 = 80;
15 : 5 = 3; 60 : 10 = 6

Seiten 70 – 71

1. **2er-Reihe:**
1 · 2 = 2
2 · 2 = 4
3 · 2 = 6
4 · 2 = 8
5 · 2 = 10

6 · 2 = 12
7 · 2 = 14
8 · 2 = 16
9 · 2 = 18
10 · 2 = 20

2. **4er-Reihe:**
10 · 4 = 40
9 · 4 = 36
8 · 4 = 32
7 · 4 = 28
6 · 4 = 24

5 · 4 = 20
4 · 4 = 16
3 · 4 = 12
2 · 4 = 8
1 · 4 = 4

3.

:	2	4
20	10	5
8	4	2
16	8	4
4	2	1
12	6	3

·	4	7	9	8
2	8	14	18	16
4	16	28	36	32

4. 1 Fledermaus hat 2 Beine.
7 Fledermäuse haben 14 Beine.
3 Fledermäuse haben 6 Beine.

5. 1 Maus hat 4 Beine. 8 Mäuse haben 32 Beine. 0 Mäuse haben 0 Beine.

6. 8 · 2 + 4 = 20
9 · 2 – 8 = 10
0 · 2 + 60 = 60

8 · 4 + 8 = 40
7 · 4 + 2 = 30
9 · 4 + 14 = 50

7. 20, 22, 24, 26, 28, 30, 32, 34, 36, 38, 40.
40, 44, 48, 52, 56, 60, 64, 68, 72, 76, 80.
13 · 2 = 26 20 · 2 = 40 16 · 2 = 32
15 · 4 = 60 17 · 4 = 68 19 · 4 = 76

Seiten 72 – 73

1. **Achter-Reihe:**
8, 16, 24, 32, 40, 48, 56, 64, 72, 80

2. 80, 72, 64, 56, 48, 40, 32, 24, 16, 8

3. 4 · 8 = 32 6 · 8 = 48 10 · 8 = 80
32 : 8 = 4 48 : 8 = 6 80 : 8 = 10
8 · 2 = 16 8 · 9 = 72 8 · 7 = 56
16 : 2 = 8 72 : 9 = 8 56 : 7 = 8

4. 48 : 8 → 6 + 22 → 28 : 4 → 7 + 33 → 40 : 8 →
5 + 27 → 32 : 4 → 8 + 72 → 80

Seiten 74 – 75

1.

Kinder	1	2	3	4	5
Eintritt	3 €	6 €	9 €	12€	15€

Kinder	6	7	8	9	10
Eintritt	18 €	21 €	24 €	27 €	30 €

Erwachs.	1	2	3	4	5
Eintritt	6 €	12 €	18 €	24 €	30 €

Erwachs.	6	7	8	9	10
Eintritt	36 €	42 €	48 €	54 €	60 €

zu Seiten 74 – 75

2. Rechnung:
 6 € + 3 € + 3 € = 12 €
 50 € – 12 € = 38 €
 Antwort:
 Frau Kleinfeld bekommt 38 € zurück.

3. Das Lieblingstier von Jonas ist ein Löwe.

4.

5 · 3 > 14	27 : 3 = 9	6 · 3 = 3 · 6
8 · 3 < 42	3 : 3 > 0	3 · 3 < 6 · 6
9 · 6 = 54	48 : 6 < 9	30 : 3 > 54 : 6
7 · 6 < 44	36 : 6 < 8	24 : 6 < 28 : 4

Seiten 76 – 77

1. 9 = 1 · 9; 18 = 2 · 9; 27 = 3 · 9;
 36 = 4 · 9; 45 = 5 · 9; 54 = 6 · 9;
 63 = 7 · 9; 72 = 8 · 9; 81 = 9 · 9;
 90 = 10 · 9

2.

· 9	
5	45
2	18
9	81
6	54
3	27
8	72

: 9	
36	4
9	1
63	7
81	9
54	6
90	10

3. 13 : 4 = 3 Rest 1 11 : 4 = 2 Rest 3
 18 : 4 = 4 Rest 2 7 : 4 = 1 Rest 3

4. 23 : 3 = 7 Rest 2 7 · 3 + 2 = 23
 23 : 5 = 4 Rest 3 4 · 5 + 3 = 23
 23 : 4 = 5 Rest 3 5 · 4 + 3 = 23
 23 : 9 = 2 Rest 5 2 · 9 + 5 = 23

Seiten 78 – 79

1. 10 · 7 = 70; 9 · 7 = 63; 8 · 7 = 56;
 7 · 7 = 49; 6 · 7 = 42; 5 · 7 = 35;
 4 · 7 = 28; 3 · 7 = 21; 2 · 7 = 14;
 1 · 7 = 7

2.

rot	blau	grün
5 · 7 = 35	7 · 7 = 49	21 : 7 = 3
2 · 7 = 14	10 · 7 = 70	42 : 7 = 6
8 · 7 = 56	4 · 7 = 28	35 : 7 = 5

orange	braun
63 : 7 = 9	7 : 7 = 1
28 : 7 = 4	56 : 7 = 8
49 : 7 = 7	14 : 7 = 2

3. Richtig, die 7 Zwerge!

4. Frage: Wie viele Äpfel bekommt jeder Hausbewohner?
 Rechnung: 33 : 7 = 4 Rest 5
 Antwort: Jeder Hausbewohner bekommt 4 Äpfel.
 5 Äpfel bleiben übrig.

5. Die Zahlen heißen 7 und 49.

Seiten 80 – 81

1. Kuscheltiere: 4 : 2 = 2
 Stifte: 8 : 2 = 4
 Spielkarten: 12 : 2 = 6
 Kekse: 18 : 2 = 9

2. Taschenlampen: 3 · 2 = 6
 Bücher: 6 · 2 = 12
 Bonbons: 9 · 2 = 18
 Sticker: 11 · 2 = 22

3.

Die Hälfte	5	6	7	8	10	25
Zahl	**10**	**12**	**14**	**16**	**20**	**50**
Das Doppelte	20	24	28	32	40	100

4. **Frage:** Wie viel Cent bekommt jedes Mädchen?
 Rechnung: 98 ct : 2 = 49 ct
 Antwort: Jedes Mädchen bekommt genau 49 Cent.

5. Isas Zahl heißt 26, da 26 : 2 = 13, 13 · 2 = 26.
 Noras Zahl heißt 20, da 20 · 2 = 40; 40 + 5 = 45, 45 – 5 = 40; 40 : 2 = 20

Seiten 82 – 83

1.

5 · 17 = 85	8 · 32 = 256
5 · 10 = 50	8 · 30 = 240
5 · 7 = 35	8 · 2 = 16
6 · 49 = 294	7 · 28 = 196
6 · 40 = 240	7 · 20 = 140
6 · 9 = 54	7 · 8 = 56

2.

8 · 29 = 232	9 · 59 = 531
8 · 30 = 240	9 · 60 = 540
8 · 1 = 8	9 · 1 = 9
6 · 39 = 234	5 · 99 = 495
6 · 40 = 240	5 · 100 = 500
6 · 1 = 6	5 · 1 = 5
3 · 48 = 144	7 · 98 = 686
3 · 50 = 150	7 · 100 = 700
3 · 2 = 6	7 · 2 = 14
9 · 57 = 513	4 · 77 = 308
9 · 60 = 540	4 · 80 = 320
9 · 3 = 27	4 · 3 = 12

3. 24 · 5 ct + 31 · 10 ct + 9 · 50 ct
 120 ct + 310 ct + 450 ct
 = 880 ct = 8,80 €

 7 · 1 € + 15 · 2 € + 13 · 5 €
 7 € + 30 € + 65 € = 102 €

 Die Klasse 3a hat insgesamt 110 € 80 ct eingenommen.

Seiten 84 – 85

1. 91 : 7 = 13　68 : 4 = 17　72 : 6 = 12
   70 : 7 = 10　40 : 4 = 10　60 : 6 = 10
   21 : 7 = 3　28 : 4 = 7　12 : 6 = 2
   66 : 3 = 22　58 : 2 = 29　96 : 4 = 24
   60 : 3 = 20　40 : 2 = 20　80 : 4 = 20
   6 : 3 = 2　18 : 2 = 9　16 : 4 = 4

2. Frage: Wie viele Ketten bastelt Kleine Wolke?
   Rechnung: 75 : 5 = 15
   50 : 5 = 10
   25 : 5 = 5
   Antwort: Sie bastelt 15 Ketten.

3. 3 · 33 = 99; 4 · 32 = 128; 5 · 26 = 130;
   9 · 21 = 189; 8 · 14 = 112; 7 · 19 = 133

4. Frage: Reichen die Federn für den Haarschmuck?
   Rechnung: 104 : 8 = 13
   80 : 8 = 10
   24 : 8 = 3
   Antwort: Da jeder 13 Federn bekommt, reicht es für den Haarschmuck.

5. a) 84 : 7 = 12 Es sind 12 Wochen.
   b) 12 : 4 = 3 Es sind 3 Monate.
   c) Es sind 0 ganze Jahre, aber $\frac{1}{4}$ Jahr.

Seiten 86 – 87

1. Zahlenmauern:
   [·] 48 / 8 6 / 4 2 3
   [+] 100 / 54 46 / 29 25 21
   [:] 1 / 4 4 / 32 8 2
   [−] 20 / 41 21 / 83 42 21

2. Das kann nur die 9er-Reihe sein!

3. 15 → (+ 48) → 63 → (: 9) → 7 → (· 8) → 56
   56 → (: 8) → 7 → (· 9) → 63 → (− 48) → 15
   Richtig, Aladin ist 15 Jahre alt.

4. So kannst du rechnen:
   50 − 16 = 34
   34 : 2 = 17
   Er hat 16 Smaragde, 17 Rubine und 17 Saphire.

5. In der 2. Klasse lernen die Kinder das kleine Einmaleins und können alle Malaufgaben auswendig aufsagen. Auch die passende Umkehraufgabe, nämlich die Geteilt-aufgabe/Division ist wichtig. Natürlich werden auch diese Aufgaben fleißig trainiert: 73 − 29 oder 48 + 35. Diese Rechenarten nennt man Subtraktion und Addition.

Seiten 88 – 89

1. Frage: Wie viel bezahlt Frau Berger?
   Rechnung:
   24 € + 2 € + 2 € + 57 € + 13 € = 98 €
   Antwort: Frau Berger bezahlt genau 98 €.

2. 50 € − 7 € = 43 €

3. 16,05 € + 3,95 € = 20 €
   9,78 € + 10,22 € = 20 €
   36,59 € + 13,41 € = 50 €
   42,98 € + 7,02 € = 50 €
   73,67 € + 26,33 € = 100 €
   99,99 € + 0,01 € = 100 €

4. 16 € + 3 € = 19
   Weitere mögliche Aufgaben:
   16 € + 4 € = 20 €
   4 € + 13 € = 17 €
   7 € + 7 € + 2 € + 2 € =18 € usw.

Seiten 90 – 91

1.

	m	dm	cm
Tim	1	4	0
Elena	1	2	9
Manuel	1	3	2
Paul	1	2	4
Uli	1	1	7
Jana	1	2	2

2. Tim > Manuel > Elena > Paul > Jana > Uli

3. Tim: 7 cm, Elena: 4 cm, Jana: 5 cm, Uli: 8 cm, Paul: 10 cm

4. 1 m = 100 cm;　3 m = 300 cm;
   5 m = 500 cm;　7 m = 700 cm;
   9 m = 900 cm;　10 m = 1000 cm

5. Höhe: Tür　2 m
   Länge: Auto　4 m
   Breite: CD-Hülle　14 cm
   Höhe: Kastanienbaum　40 m
   Breite: Zeigefinger　1 cm

Seiten 92 – 93

1. Rechnung:
   2 m + 7 m 20 cm = 9 m 20 cm
   Antwort:
   Der Saurier ist 9 m 20 cm lang.

2. **Plateosaurus:**
   2 m + 6 m 50 cm = 8 m 50 cm
   Brachiosaurus:
   3 m + 18 m 70 cm = 21 m 70 cm
   Tyrannosaurus:
   2 m + 13 m 30 cm = 15 m 30 cm
   Stegosaurus:
   80 cm + 5 m 10 cm = 5 m 90 cm
   Velociraptor:
   30 cm + 1 m 60 cm = 1 m 90 cm

zu Seiten 92 – 93

Triceratops:
2 m + 7 m 20 cm = 9 m 20 cm
Der Brachiosaurus ist der längste Saurier.

3. Alle Strecken sind gleich lang.
Die Strecke wurde nur in einer anderen Maßeinheit gemessen.

4. 1 dm = 10 cm; 9 dm = 90 cm;
4 dm = 40 cm; 2 dm = 20 cm;
10 dm = 100 cm; 5 dm = 50 cm

5. Die kleinste Einheit auf dem Lineal heißt MILLIMETER.
10 mm ergeben 1 ZENTIMETER. Setzt du 10 cm aneinander, nennt man diese Strecke auch 1 DEZIMETER.
100 cm kann man auch anders nennen, nämlich 1 METER.
Und wem das immer noch nicht reicht, der sollte sich mit KILOMETERN beschäftigen!
Übriges Wort: Elfmeter

Seiten 94 – 95

1.
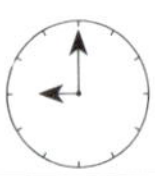

9:00 Uhr | 1:00 Uhr
21:00 Uhr | 13:00 Uhr

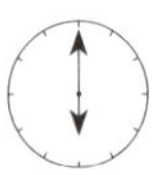

11:00 Uhr | 6:00 Uhr | 10:00 Uhr
23:00 Uhr | 18:00 Uhr | 22:00 Uhr

2.

10:00 Uhr	19:00 Uhr	15:00 Uhr	6.00 Uhr

3.
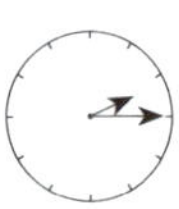

2:15 Uhr | 5:30 Uhr
14:15 Uhr | 17:30 Uhr

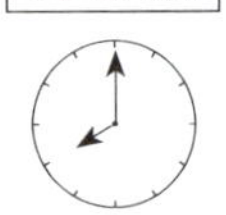
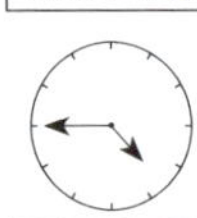

8:00 Uhr | 4:45 Uhr
20:00 Uhr | 16:45 Uhr

4. 15 Minuten nach 7 Uhr: 7.15 Uhr
5 Minuten nach 9 Uhr: 9.05 Uhr
19 Minuten nach 20 Uhr: 20.19 Uhr
9 Minuten nach 22 Uhr: 22.09 Uhr

Seiten 96 – 97

1. Karla: 8.00 Uhr; Rudi: 9.15 Uhr;
Erwin: 9.30 Uhr; Willi: 10.45 Uhr

2. Eli:

Alois:

Freddi:

3. Rabe: 21 Minuten;
Krokodil: 42 Minuten;
Löwe: 12 Minuten

4. Der Sieger im Wetttauchen heißt dieses Jahr: Freddi Frosch.

5.

5 vor 12	23.55 Uhr
Viertel nach 6	18.15 Uhr
halb 10	9.30 Uhr
Mitternacht	24.00 Uhr
Viertel vor 6	17.45 Uhr
5 nach halb 10	9.35 Uhr

Seiten 98 – 99

1.

Waldsee – Altdorf:	25 min
Waldsee – Mühlbach:	25 min
Waldsee – Vogel-Insel:	60 min
Waldsee – Eichstadt:	20 min
Waldsee – Wasserburg:	25 min

2. Die Fahrt von Waldsee zur Vogel-Insel dauert am längsten. (60 min)

3. Die Fahrt von Waldsee nach Eichstadt ist die kürzeste Fahrt. (20 min)

4. Die Fahrt zur Vogel-Insel dauert genau 1 h. Anne bleibt 3 min bei den Graureihern stehen. Tobi läuft 50 m in 9 s. Der Rundgang auf der Insel dauert 2 h. Anne kann die Luft 18 s lang anhalten! Ein Tag hat 24 h.

5. a) Es ist dann 18.05 Uhr.
b) Es ist dann 18.30 Uhr.
c) Es war genau 16.25 Uhr.
d) Es war genau 15.40 Uhr.

6. 1 Jahr; 1 Monat; 1 Woche; 1 Tag;
1 Stunde; 1 Minute; 1 Sekunde.

Seiten 100 – 101

1. a)

Rechnung: 16 : 4 = 4
Antwort: Es leben 4 Löwen im Zirkus.

b) 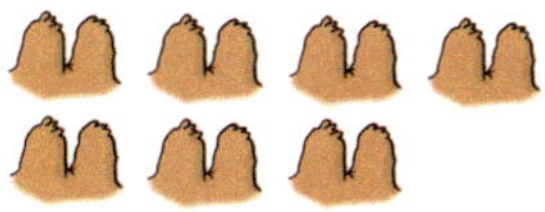

Rechnung: 14 : 2 = 7
Antwort: Es leben 7 Kamele im Zirkus.

2. Rechnung: 15 : 5 = 3
   Antwort: Der Zirkus braucht 3 Körbe für die Welpen.

3. Das gesuchte Tier ist der Tiger mit insgesamt 4 Beinen.

Seiten 102 – 103

1. Frage: Wie viel bezahlt Alex?
   Rechnung:
   5 · 1 € = 5 €
   2 · 3 € = 6 €
   5 € + 6 € = 11 €
   Antwort: Alex bezahlt 11 €.

2. Frage: Wie viel bezahlt Jana?
   Rechnung:
   6 · 5 ct = 30 ct; 7 · 10 ct = 70 ct;
   30 ct + 70 ct = 100 ct = 1 €
   Antwort: Jana bezahlt 1 €.

3. Frage: Wie viel Euro bekommt Frau Becker zurück?
   Rechnung:
   25 € + 7 € + 9 € = 41 €
   50 € – 41 € = 9 €
   Antwort: Sie bekommt 9 € zurück.

4. Rechnung:
   35 ct : 5 ct = 7 Gummischlangen
   Antwort: Ben erhält 7 Gummischlangen.

5. Rechnung: 80 ct : 10 ct = 8 Mäuse
   Antwort: Er bekommt 8 weiße Mäuse.

6. Rechnung:
   18 € : 3 = 6 €, 18 € – 6 € = 12 €
   12 € : 3 € = 4 Poster
   Antwort: Opa Nepomuk kann 4 Poster kaufen und hat dann noch 6 € übrig.

Seiten 104 – 105

1. a) Sie haben 2 Kinder.
   b) Sie heißen Feli und Finn.
   c) Es ist Feli: Sie ist 8 Jahre alt.
   d) Finn ist 12 Jahre alt.
   e) Sie ist 34 Jahre alt.

2. a) Opa gibt 47 € aus.
   35 + 12 = 47
   b) Feli hat 6 Tore geschossen.
   12 : 2 = 6
   c) Er braucht noch 23 Bildchen.
   12 + 23 = 35

3. Rechnung: 37 – 8 = 29
   Antwort: Herr Fröhlich war bei der Geburt von Feli 29 Jahre alt.

Seiten 106 – 107

1. a) 48 + 25 = 68 + 5 = 73
   b) 91 – 46 = 51 – 6 = 45

2. a) 75 + 18 = 85 + 8 = 93
   51 + 49 = 91 + 9 = 100
   27 + 38 = 57 + 8 = 65
   b) 96 – 27 = 76 – 7 = 69
   61 – 45 = 21 – 5 = 16
   54 – 29 = 34 – 9 = 25
   c) 25 + 36 = 55 + 6 = 61
   71 – 57 = 21 – 7 = 14
   28 + 46 = 68 + 6 = 74

3. 46 + 27 = 73 → 73 – 27 = 46
   63 + 18 = 81 → 81 – 18 = 63
   34 + 58 = 92 → 92 – 58 = 34
   87 – 46 = 41 → 41 + 46 = 87
   95 – 68 = 27 → 27 + 68 = 95
   78 – 19 = 59 → 59 + 19 = 78

4. 39 + 47 = 84 **f** → 84 – 47 = 37
   richtig ist: 39 + 47 = 86
   87 – 49 = 48 **f** → 48 + 49 = 97
   richtig ist: 87 – 49 = 38
   94 – 68 = 26 **f** → 26 + 68 = 94
   54 + 36 = 80 **f** → 80 – 36 = 44
   richtig ist: 54 + 36 = 90

Seiten 108 – 109

1. 1 Stange: 10 Steine
   1 Platte: 10 Stangen
   = 10 · 10 Steine
   = 100 Steine
   1 Block: 10 Platten
   = 10 · 100 Steine
   = 1 000 Steine
   Der Block besteht also aus 1 000 Steinen.

2. a)

T	H	Z	E
1	1	2	0

1 T + 1 H + 2 Z + 0 E =
1 000 + 100 + 20 = 1 120

b)

T	H	Z	E
1	1	2	0

0 T + 9 H + 0 Z + 7 E =
900 + 7 = 907

3.

798	799	800

998	999	1 000

999	1 000	1 001

4. a) 760; 810; 850; 920;
   960; 1 010; 1 060

b)
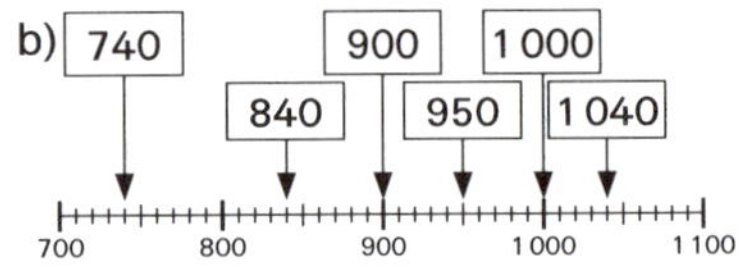

5. 589 < 599 < 600
   699 < 700 < 750
   800 < 900 < 1 000

6. a) Jeweils den gleichen Hunderter haben:
   354, 327, 345;
   524, 542;
   718, 732, 722, 719;
   819, 829, 892
   b) 327 < 345 < 354 < 524 <
   542 < 718 < 719 < 722 <
   732 < 819 < 829 < 892

7. a)

364	365	366
374	375	376
384	385	386

b)

102	103	104
112	113	114
122	123	124

c)

406	407	408
416	417	418
426	427	428

Seiten 111 – 112

1. a) 396 + 4 = 400
   695 + 5 = 700
   492 + 8 = 500
   b) 260 + 40 = 300
   580 + 20 = 600
   720 + 80 = 800

2. a) 600 – 2 = 598
   300 – 8 = 292
   700 – 6 = 694
   b) 600 – 50 = 550
   900 – 80 = 820
   500 – 70 = 430

3. a) 297 + 8 = 300 + 5 = 305
593 + 9 = 600 + 2 = 602
896 + 5 = 900 + 1 = 901

b) 406 − 7 = 400 − 1 = 399
702 − 4 = 700 − 2 = 698
507 − 9 = 500 − 2 = 498

4. a) 694 + 7 = 701
396 + 8 = 404
768 + 3 = 771

b) 305 − 8 = 297
402 − 5 = 397
907 − 9 = 898

c) 495 + 8 = 503
698 + 8 = 706
597 + 5 = 602

5. a) 540 + 80 = 600 + 20 = 620
360 + 70 = 400 + 30 = 430
670 + 80 = 700 + 50 = 750

b) 340 − 60 = 300 − 20 = 280
830 − 70 = 800 − 40 = 760
750 − 80 = 700 − 30 = 670

6. a)
770
530 | 240
470 | 60 | 180

b)
670
340 | 330
80 | 260 | 70

c)
690
120 | 570
40 | 80 | 490

Seiten 113 – 114

1. 680 + 48 = 728
680 + 40 = 720
720 + 8 = 728

oder

680 + 48 = 728
680 + 20 = 700
700 + 28 = 728

2. a) 760 + 75 = 830 + 45 = 835
oder
760 + 75 = 800 + 35 = 835

390 + 84 = 470 + 44 = 474
oder
390 + 84 = 400 + 74 = 474

260 + 56 = 310 + 46 = 316
oder
260 + 56 = 300 + 16 = 316

b) 540 + 86 = 620 + 46 = 626
oder
540 + 86 = 600 + 26 = 626

680 + 63 = 740 + 43 = 743
oder
680 + 63 = 700 + 43 = 743

170 + 45 = 210 + 45 = 215
oder
170 + 45 = 200 + 15 = 215

3. 630 − 53 = 577
630 − 50 = 580
580 − 3 = 577

oder

630 − 53 = 577
630 − 30 = 600
600 − 23 = 577

4. a) 850 − 62 = 790 − 42 = 788
oder
850 − 62 = 800 − 12 = 788

240 − 65 = 180 − 45 = 175
oder
240 − 65 = 200 − 25 = 175

920 − 46 = 880 − 46 = 874
oder
920 − 46 = 900 − 26 = 874

b) 360 − 75 = 290 − 45 = 285
oder
360 − 75 = 300 − 15 = 285

450 − 56 = 400 − 46 = 394

560 − 91 = 470 − 41 = 469
oder
560 − 91 = 500 − 31 = 469

5. a) 283 + 59 = 342
283 + 50 = 333
333 + 9 = 342

b) 325 − 78 = 247
325 − 70 = 255
255 − 8 = 247

6. a) 474 + 59 = 524 + 9 = 533
278 + 73 = 348 + 3 = 351
898 + 45 = 938 + 5 = 943

b) 364 − 98 = 274 − 8 = 266
608 − 39 = 578 − 9 = 569
532 − 67 = 472 − 7 = 465

7. a)
− 2 352 + 74 = 426 + 2
350 + 74 = 424

b)
+ 2 238 − 37 = 201 − 2
240 − 37 = 203

Seiten 115–116

1. 15 + 260 = 275
24 + 866 = 890
912 + 88 = 1 000
726 + 40 = 766
50 + 338 = 388
73 + 420 = 493

2.
a) 128 + 12 + 9 = 140 + 9 = 149
b) 447 + 23 + 17 = 470 + 17 = 487
c) 259 + 21 + 34 = 280 + 34 = 314
d) 378 − 8 − 17 = 370 − 17 = 353
e) 574 − 24 − 33 = 550 − 33 = 517
f) 793 − 43 − 38 = 750 − 38 = 712

3.
a) 236 + 22 + 18 = 236 + 40 = 276
524 + 38 + 22 = 524 + 60 = 584
715 + 17 + 53 = 715 + 70 = 785
b) 146 + 18 − 46 = 100 + 18 = 118
394 + 35 − 24 = 370 + 35 = 405
438 − 15 + 42 = 480 − 15 = 465

4. a) 138 + 45 = 183
(+2) (−2)
140 + 43 = 183

b) 276 + 28 = 304
(−2) (+2)
274 + 30 = 304

Die Summe bleibt gleich, wenn du die Zahlen gegensinnig veränderst, z. B. (+2) (−2)

c) 252 − 37 = 215
(−2) (−2)
250 − 35 = 215

d) 187 − 49 = 138
(+1) (+1)
188 − 50 = 138

Die Differenz bleibt gleich, wenn du die Zahlen gleichsinnig veränderst, z. B. (−2) (−2)

5. a) 169 + 28 = 170 + 27 = 197
346 + 39 = 345 + 40 = 385
478 + 57 = 480 + 55 = 535
b) 375 − 68 = 377 − 70 = 307
827 − 99 = 828 − 100 = 728
569 − 43 = 570 − 44 = 526

Seite 117

1. siehe Tabelle unten

2. a) 240 + 190 = 430
Sie hat falsch gerechnet.
b) 238 + 186 = 424.

Seiten 118 – 119

1. a) 318 + 126 (Übertrag 1) = 444
c) 477 + 281 (Übertrag 1) = 758
b) 296 + 406 (Übertrag 1 1) = 702
d) 654 + 96 (Übertrag 1 1) = 750

2. a) 325 + 658 (Übertrag 1) = 983
c) 309 + 256 (Übertrag 1) = 565
e) 57 + 320 = 377
b) 786 + 159 (Übertrag 1 1) = 945
d) 437 + 39 (Übertrag 1) = 476
f) 214 + 88 (Übertrag 1 1) = 302

3. b) und d) sind falsch. Richtig ist:
b) 689 + 257 (Übertrag 1 1) = 946
d) 370 + 439 (Übertrag 1) = 809

4. a) 241 + 315 + 165 (Übertrag 1 1) = 721
b) 172 + 367 + 423 (Übertrag 1 1) = 962
c) 165 + 421 + 97 (Übertrag 1 1) = 683

5. a) 421 + 3**8**6 (Übertrag 1) = 80**7**
c) 601 + **8**9 (Übertrag 1) = 69**0**
b) 244 + **1**7**8** (Übertrag 1 1) = 422
d) 333 + **3**0**9** (Übertrag 1) = 642

6. 265 + 734 = 999
A: Finn hat jetzt 999 Briefmarken.

zu Seite 117

1.

	Mo	Di	Mi	Do	Fr	Sa	So
Besucher	256	387	412	153	316	431	548
gerundet auf Zehner	260	390	410	150	320	430	550
gerundet auf Hunderter	300	400	400	200	300	400	500

7. a)
```
  235
+ 348
+ 406
    1
  989
```
A: 989 Kinder besuchten an den drei Tagen den Zirkus.

b)
```
  406
+ 324
    1
  730
```
A: Am Sonntag waren 730 Personen im Zirkus.

c)
```
  196
+ 287
   1 1
  483
```
A: Freitag und Samstag waren 483 Erwachsene im Zirkus.

Seite 120

1. a)
```
 H Z E
 6 5 9
-3 2 5
 3 3 4
```
b)
```
 H Z E
 8 4 7
-5 1 6
 3 3 1
```
c)
```
 H Z E
 7 8 2
-4 5 0
 3 3 2
```

2. b) und d) sind falsch. Richtig ist:

b)
```
  598
- 465
  133
```
d)
```
  378
- 200
  178
```

3. a)
```
  787
- 546
  241
```
c)
```
  645
- 130
  515
```
e)
```
  999
-  56
  943
```
b)
```
  898
-  75
  823
```
d)
```
  569
- 305
  264
```
f)
```
  376
-  36
  340
```

Seite 121

1. a)
```
 H Z E
    10
 4 5 3
-2 3 8
   1
 2 1 5
```
b)
```
 H Z E
  10 10
 7 4 2
-5 7 9
  1 1
 1 6 3
```

2. a)
```
 H Z E
 6 8 3
-2 4 5
   1
 4 3 8
```
b)
```
 H Z E
 8 9 3
-6 5 9
   1
 2 3 4
```
c)
```
 H Z E
 4 7 5
-2 8 4
  1
 1 9 1
```

3. a)
```
 7 2 8
-4 3 5
   1
 2 9 3
```
b)
```
 8 1 3
-5 4 9
   1
 2 6 4
```
c)
```
 6 2 7
-  3 8
  1 1
 5 8 9
```

Seiten 122–123

1. a)
```
 H  Z  E
 6 11 15
 7  2  5
-4  5  7
 2  6  8
```
5 Einer minus 7 Einer geht nicht. Ich muss wechseln. 1 Zehner wird in 10 Einer gewechselt. Bleibt 1 Zehner. 15 Einer minus 7 Einer gleich 8 Einer. 1 Zehner minus 5 Zehner geht nicht. Ich muss wechseln.
1 Hunderter wird in 10 Zehner gewechselt. Bleiben 6 Hunderter. 11 Zehner minus 5 Zehner gleich 6 Zehner. 6 Hunderter minus 4 Hunderter gleich 2 Hunderter.

b)
```
 H  Z  E
 7 11 17
 8  2  7
-3  4  9
 4  7  8
```
7 Einer minus 9 Einer geht nicht.
Ich muss wechseln. 1 Zehner wird in 10 Einer gewechselt. Bleibt 1 Zehner. 17 Einer minus 9 Einer gleich 8 Einer. 1 Zehner minus 4 Zehner geht nicht. Ich muss wechseln.
1 Hunderter wird in 10 Zehner gewechselt. Bleiben 7 Hunderter. 11 Zehner minus 4 Zehner gleich 7 Zehner. 7 Hunderter minus 3 Hunderter gleich 4 Hunderter.

c)
```
 H  Z  E
 3 15 12
 4  6  2
-1  8  9
 2  7  3
```
2 Einer minus 9 Einer geht nicht.
Ich muss wechseln. 1 Zehner wird in 10 Einer gewechselt. Bleiben 5 Zehner. 12 Einer minus 9 Einer gleich 3 Einer. 5 Zehner minus 8 Zehner geht nicht. Ich muss wechseln.
1 Hunderter wird in 10 Zehner gewechselt. Bleiben 3 Hunderter. 15 Zehner minus 8 Zehner gleich 7 Zehner. 3 Hunderter minus 1 Hunderter gleich 2 Hunderter.

2. a)
```
 H  Z  E
    6 16
 7  6  5
-4  8  3
 2  8  2
```
b)
```
 H  Z  E
    3 12
 5  4  2
-1  2  3
 4  1  9
```
c)
```
 H  Z  E
 8 17
 9  7  2
-6  9  0
 2  8  2
```

3. a)
```
 H  Z  E
 6 11 11
 7  2  1
-2  7  4
 4  4  7
```
b)
```
 H  Z  E
 8 12 11
 9  3  1
-   8  9
 8  4  2
```
c)
```
 H  Z  E
 3 12
 4  2  7
-3  4  0
    8  7
```

zu Seiten 122 – 123

4. a)
$$\begin{array}{r} {\scriptstyle 6}\ {\scriptstyle 1}\ \ \\ \cancel{7}\,\cancel{2}\,4 \\ -\,4\,3\,5 \\ \hline 2\,8\,9 \end{array}$$

4 minus 5 geht nicht; eins herüber, bleibt 1; 14 minus 5 gleich 9; 1 minus 3 geht nicht; eins herüber, bleibt 6; 11 minus 3 gleich 8; 6 minus 4 gleich 2

b)
$$\begin{array}{r} {\scriptstyle 7}\ {\scriptstyle 2}\ \ \\ \cancel{8}\,\cancel{3}\,1 \\ -\,3\,4\,5 \\ \hline 4\,8\,6 \end{array}$$

1 minus 5 geht nicht; eins herüber, bleibt 2; 11 minus 5 gleich 6; 2 minus 4 geht nicht; eins herüber, bleibt 7; 12 minus 4 gleich 8; 7 minus 3 gleich 4

c)
$$\begin{array}{r} {\scriptstyle 5}\ {\scriptstyle 6}\ \ \\ \cancel{6}\,\cancel{7}\,2 \\ -\,3\,7\,4 \\ \hline 2\,9\,8 \end{array}$$

2 minus 4 geht nicht; eins herüber, bleibt 6; 12 minus 4 gleich 8; 6 minus 7 geht nicht; eins herüber, bleibt 5; 16 minus 7 gleich 9; 5 minus 3 gleich 2

5. c) ist falsch. Die richtige Rechnung:
$$\begin{array}{r} {\scriptstyle 3}\ \ \ \ \ \\ \cancel{4}\,2\,7 \\ -\,1\,5\,4 \\ \hline 2\,7\,3 \end{array}$$

6. a)
$$\begin{array}{r} {\scriptstyle 6}\ {\scriptstyle 9}\ \ \\ \cancel{7}\,0\,4 \\ -\,5\,3\,6 \\ \hline 1\,6\,8 \end{array}$$

4 minus 6 geht nicht; eins herüber von 0 Zehnern geht nicht; eins herüber, von 7 Hundertern bleiben 6 Hunderter; eins herüber, von 10 Zehnern bleiben 9 Zehner; 14 minus 6 gleich 8; 9 minus 3 gleich 6; 6 minus 5 gleich 1

b)
$$\begin{array}{r} {\scriptstyle 5}\ {\scriptstyle 9}\ \ \\ \cancel{6}\,0\,1 \\ -\,2\,5\,5 \\ \hline 3\,4\,6 \end{array}$$

1 minus 5 geht nicht; eins herüber von 0 Zehnern geht nicht; eins herüber, von 6 Hundertern bleiben 5 Hunderter; eins herüber, von 10 Zehnern bleiben 9 Zehner; 11 minus 5 gleich 6; 9 minus 5 gleich 4; 5 minus 2 gleich 3

c)
$$\begin{array}{r} {\scriptstyle 2}\ {\scriptstyle 9}\ \ \\ \cancel{3}\,\cancel{0}\,2 \\ -\,1\,7\,4 \\ \hline 1\,2\,8 \end{array}$$

2 minus 4 geht nicht; eins herüber von 0 Zehnern geht nicht; eins herüber, von 3 Hundertern bleiben 2 Hunderter; eins herüber, von 10 Zehnern bleiben 9 Zehner; 12 minus 4 gleich 8; 9 minus 7 gleich 2; 2 minus 1 gleich 1

Seiten 124 – 125

1. a) $31 \cdot 10 = 310$
   $49 \cdot 10 = 490$
   $60 \cdot 10 = 600$

   b) $530 : 10 = 53$
   $720 : 10 = 72$
   $800 : 10 = 80$

   c) $270 : 10 = 27$
   $86 \cdot 10 = 860$
   $400 : 10 = 40$

2. a) $8 \cdot 90 = 720$
   $7 \cdot 50 = 350$
   $4 \cdot 60 = 240$

   b) $490 \cdot 7 = 70$
   $720 \cdot 8 = 90$
   $180 \cdot 6 = 30$

   c) $7 \cdot 80 = 560$
   $420 : 6 = 70$
   $5 \cdot 60 = 300$

3. a) $35\cancel{0} : 7\cancel{0} = 5$
   $72\cancel{0} : 8\cancel{0} = 9$
   $15\cancel{0} : 5\cancel{0} = 3$

   b) $56\cancel{0} : 8\cancel{0} = 7$
   $54\cancel{0} : 6\cancel{0} = 9$
   $81\cancel{0} : 9\cancel{0} = 9$

4. a)

:	40	10	60
240	6	24	4
360	9	36	6

b)

·	80	70	90
5	400	350	450
7	560	490	630

5. a) $360 : 60 = 36 : 16$
   $720 : 60 = 72 : 16$

   b) $280 : 40 = 140 : 20$
   $560 : 80 = 280 : 40$

   c) $60 \cdot 5 = 30 \cdot 10$
   $120 \cdot 5 = 60 \cdot 10$

6. a) 490 : 70 = 7
490 : 7 = 70

b) 540 : 90 = 6
540 : 9 = 60

c) 240 : 30 = 8
240 : 3 = 80

Seite 126

1. Timo:
16
+ 16
+ 16
+ 16
64

Tina:
4 · 16
= 4 · 10 + 4 · 6
= 40 + 24
= 64

Es sind 64 Honiggläser.

2. a) 9 · 45 = ?
9 · 40 = 360
9 · 5 = 45
9 · 45 = 405

b) 8 · 72 = ?
8 · 70 = 560
8 · 2 = 16
8 · 72 = 576

c) 6 · 84 = ?
6 · 80 = 480
6 · 4 = 24
6 · 84 = 504

Seite 127

1. a) 84 : 7 = ?
70 : 7 = 10
14 : 7 = 2
84 : 7 = 12

b) 78 : 6 = ?
60 : 6 = 10
18 : 6 = 3
78 : 6 = 13

c) 64 : 4 = ?
40 : 4 = 10
24 : 4 = 6
64 : 4 = 16

d) 87 : 3 = ?
60 : 3 = 20
27 : 3 = 9
87 : 3 = 29

2. 192 : 6 = 30 + 2 = 32
57 : 3 = 10 + 9 = 19
104 : 4 = 20 + 6 = 26
117 : 9 = 10 + 3 = 13

Seite 128

Achtung: Es gibt beim Dividieren verschiedene Restschreibweisen. Wenn du den Rest also so aufgeschrieben hast, wie du ihn in der Schule gelernt hast, ist das natürlich auch richtig.

1. 94 : 7 = ?
70 : 7 = 10
24 : 7 = 3 R 3
94 : 7 = 13 R 3

89 : 6 = ?
60 : 6 = 10
29 : 6 = 4 R 5
89 : 6 = 14 R 5

138 : 4 = ?
120 : 4 = 30
18 : 4 = 4 R 2
138 : 4 = 34 R 2

2. a) 105 : 9 = ?
90 : 9 = 10
15 : 9 = 1 R 6
105 : 9 = 11 R 6

241 : 5 = ?
200 : 5 = 40
41 : 5 = 8 R 1
241 : 5 = 48 R 1

725 : 8 = ?
720 : 8 = 90
5 : 8 = 0 R 5
725 : 8 = 90 R 5

b) 617 : 9 = ?
540 : 9 = 60
77 : 9 = 8 R 5
617 : 9 = 68 R 5

99 : 4 = ?
80 : 4 = 20
19 : 4 = 4 R 3
99 : 4 = 24 R 3

405 : 7 = ?
350 : 7 = 50
55 : 7 = 7 R 6
405 : 7 = 57 R 6

3. a) (95) : 8 = 11 [R 7] **r**
Probe:
11 · 8 [+ 7] = 88 + 7 = (95)

b) (76) : 3 = 21 [R 5] **f**
Probe:
21 · 3 [+ 5] = 63 + 5 = (68)
richtig ist: 76 : 3 = 25 R 1

c) (83) : 6 = 23 [R 5] **f**
Probe:
23 · 6 [+ 5] = 138 + 5 = (143)
richtig ist: 83 : 6 = 13 R 5

d) (181) : 5 = 35 [R 3] **f**
Probe:
35 · 5 [+ 3] = 175 + 3 = (178)
richtig ist: 181 : 5 = 36 R 1

e) (225) : 4 = 56 [R 1] **r**
Probe:
56 · 4 [+ 1] = 224 + 1 = (225)

f) (611) : 9 = 68 [R 7] **f**
Probe:
68 · 9 [+ 7] = 612 + 7 = (619)
richtig ist: 611 : 9 = 67 R 8

Seite 129

1. 85 + 30 = 115
210 − 40 = 170
36 · 8 = 288
720 : 9 = 80
25 + 35 = 60

328 : 4 = 82
680 : 8 = 85
240 − 60 = 180
7 · 70 = 490
945 : 9 = 105

zu Seiten 128 – 129

180 – 17 = 163
24 · 6 = 144
127 + 34 = 161
282 – 25 = 257
68 · 7 = 476
9 · 23 = 207

350 + 70 = 420
320 – 80 = 240
42 + 60 = 102
618 : 3 = 206
75 · 5 = 375

2.

A 1	B 1	0		C 3
D 9	5		E 7	2
6		F 3	4	
	G 6	1		H 6
I 7		J 2	4	0

Seiten 130 – 131

1. a) 3 € + 1 € + 1 € + 1 € = 6 €
   b) Es wurde richtig gerechnet.
   c) 10,00 € – 5,76 € = 4,24 €
   A: Nina bekommt 4,24 € zurück.
2. a) + 2,65 € + 0,39 € = 3,04 €
   A: Tim muss 3,04 € bezahlen.
   b) – 10,00 € – 3,04 € = 6,96 €
   A: Er bekommt 6,96 € zurück.
3. Überschlag:
   1 € + 1 € + 1 € = 3 €
   + 0,81 €
   + 1,05 €
   + 0,39 €
   = 2,25 € A: Ja, das Geld reicht.
4. a) 24,58 € + 16,07 € = 40,65 €
   Überschlag: 25 € + 20 € = 45 €
   138,40 € + 75,13 € + 28,57 € = 242,10 €
   Überschlag: 150 € + 80 € + 30 € = 260 €
   315,05 € + 16,40 € + 0,79 € = 332,24 €
   Überschlag: 300 € + 20 € + 1 € = 321 €
   b) 88,96 € – 30,15 € = 58,81 €
   Überschlag: 90 € – 30 € = 60 €
   140,80 € – 62,98 € = 77,82 €
   Überschlag: 140 € – 60 € = 80 €
   269,07 € – 8,90 € = 260,17 €
   Überschlag: 270 € – 9 € = 261 €
5. a) 38,00 € + 4,99 € = 42,99 €
   b) 100,00 € – 42,99 € = 57,01 €
   A: Er muss 42,99 € bezahlen und erhält 57,01 € zurück.
6. a) siehe Tabelle unten
   b) 49,95 € + 99,50 € = 149,45 €
   A: Christian muss jetzt 149,45 € bezahlen.
   c) 48,95 € + 86,50 € = 135,45 €
   A: Er hat 135,45 € gespart.
7. 238 € + 50 € = 288 €
   298,50 € – 288,00 € = 10,50 €
   A: Anja fehlen noch 10,50 €.
8. a) 1,40 € + 0,49 € + 0,25 € = 2,14 €
   b) 10,00 € – 2,14 € = 7,86 €
   A: Kevin muss 2,14 € bezahlen und erhält 7,86 € zurück.

Seiten 132 – 133

1.a)

	km	100 m	10 m	1 m	Schulweg in m
Maria	1	1	4	0	1 140
Lena		3	5	4	354
Sven	1	0	9	8	1 098
Ali		4	8	3	483
Tom		6	5	0	650

b) A: Lena hat den kürzesten Schulweg.

c) 380 m + 354 m = 734 m
A: Toms Schulweg ist 734 m lang, wenn er Lena abholt.

zu Seite 131, 6a)

	Inlineskates	Tennisschläger	Fußballschuhe
alter Preis	98,90 €	186,00 €	85,50 €
neuer Preis	49,95 €	99,50 €	39,90 €
Ersparnis	48,95 €	86,50 €	45,60 €

d) 376 m + 483 m = 859 m
A: Wenn Sven Ali abholt, ist sein Schulweg 859 m lang.

e) 380 m + 403 m = 783 m
A: Der kürzeste Weg von Lena zu Ali führt über Tom und ist 783 m lang.

2. a) 320 m + 680 m
= 1 000 m = 1 km
785 m + 215 m
= 1 000 m = 1 km
466 m + 534 m
= 1 000 m = 1 km

b) 400 m + 600 m = 1 km
374 m + 626 m = 1 km
89 m + 911 m = 1 km

3.

	1 m	10 cm	1 cm	mit Komma
Enrico	3	1	2	3,12 m
Patrick	2	6	8	2,68 m
Julia	3	0	5	3,05 m
Tina	2	9	9	2,99 m
Mika	3	0	0	3,00 m

4. a)

Braunbär	2,25 m	2 m 25 cm
Elefant	3,50 m	3 m 50 cm
Giraffe	6 m	6 m 0 cm
Hase	0,70 m	70 cm
Maus	0,11 m	11 cm

b) A: Das größte Tier ist die Giraffe, das kleinste Tier ist die Maus.

5. a) 4 m 68 cm = 4,68 m
9 m 30 cm = 9,30 m
3 m 4 cm = 3,04 m

b) 607 cm = 6,07 m
1 000 cm = 10,00 m
150 cm = 1,50 m

c) 18 cm = 0,18 m
270 cm = 2,70 m
9 cm = 0,09 m

Seiten 134 – 135

8.15 Uhr
20.15 Uhr

11.40 Uhr
23.40 Uhr

3.30 Uhr
15.30 Uhr

1.25 Uhr
13.25 Uhr

halb drei

zwanzig nach sechs

fünf vor acht

Viertel nach neun

3. a) 3 h = 3 · 60 min = 180 min
5 h = 5 · 60 min = 300 min
10 h = 10 · 60 min = 600 min
7 h = 7 · 60 min = 420 min

b) 1 h 40 min = 60 min + 40 min
= 100 min
3 h 16 min = 180 min + 16 min
= 196 min
2 h 45 min = 120 min + 45 min
= 165 min
4 h 7 min = 240 min + 7 min
= 247 min

c) $\frac{1}{2}$ h = 30 min
$\frac{1}{4}$ h = 15 min
$\frac{3}{4}$ h = 45 min
$1\frac{1}{2}$ h = 90 min

4. a) 60 min = 60 min : 60 = 1 h
240 min = 240 min : 60 = 4 h
600 min = 600 min : 60 = 10 h

b) 80 min = 60 min + 20 min
= 1 h 20 min
100 min = 60 min + 40 min
= 1 h 40 min
310 min = 300 min + 10 min
= 5 h 10 min

5. a) 43 s + 17 s = 60 s = 1 min
30 s + 30 s = 60 s = 1 min

b) 8 s + 52 s = 1 min
53 s + 7 s = 1 min

6. a) 8 min = 8 · 60 s = 480 s
4 min = 4 · 60 s = 240 s
6 min = 6 · 60 s = 360 s

b) 3 min 30 s = 180 s + 30 s
= 210 s
7 min 26 s = 420 s + 26 s
= 446 s
2 min 5 s = 120 s + 5 s
= 125 s

zu Seiten 134 – 135

7. a) 120 s = 2 min
   240 s = 4 min
   540 s = 9 min

   b) 235 s = 180 s + 55 s
   = 3 min 55 s
   140 s = 120 s + 20 s
   = 2 min 20 s
   98 s = 60 s + 38 s
   = 1 min 38 s

Seiten 136 – 137

Solltest du Schwierigkeiten bei diesen Aufgaben haben, nimm eine Uhr zu Hilfe.

1. a) Von 10.30 Uhr bis 11.05 Uhr sind es 35 Minuten.

   b) Von 16.55 Uhr bis 17.45 Uhr sind es 50 Minuten.

2. a) Fünf Freunde:
   13.35 Uhr $\xrightarrow{25\text{ min}}$ 14.00 Uhr
   Philipps Tierstunde:
   14.00 Uhr $\xrightarrow{55\text{ min}}$ 14.55 Uhr
   Boing:
   14.55 Uhr $\xrightarrow{35\text{ min}}$ 15.30 Uhr
   Tigerenten Club:
   15.30 Uhr $\xrightarrow{25\text{ min}}$ 15.55 Uhr

   b) A: Lena wählt „Philipps Tierstunde“ aus, da dies die längste Sendung ist.

3.

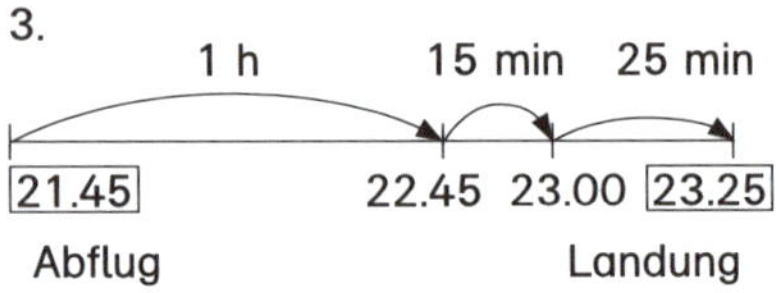

Flugzeit:
1 h + 15 min + 25 min = 1 h 40 min

A: Der Rückflug von Paris nach Hamburg dauert 1 h 40 min.

4. siehe Tabelle unten

Seite 138

1. 1 217 g = 1 kg 217 g
   1 038 g = 1 kg 38 g
   1 080 g = 1 kg 80 g
   1 100 g = 1 kg 100 g
   1 007 g = 1 kg 7 g

2. a) 1 kg + 500 g + 250 g + 100 g = 1 kg 850 g
   A: Alle Lebensmittel wiegen zusammen 1 kg 850 g.

   b) 500 g + 250 g + 200 g = 950 g
   A: Toms Einkauf wiegt 950 g.

   c) Mehl: 5 · 1 kg = 5 kg
   Butter: 4 · 250 g = 250 g + 250 g + 250 g + 250 g = 1000 g = 1 kg
   5 kg + 1 kg = 6 kg
   A: Frau Basso muss 6 kg tragen.

3. 1 000 g = kg + $\frac{1}{2}$ kg = 1 kg
   250 g = 750 g – 500 g = $\frac{1}{4}$ kg
   500 g = 250 g + 250 g = $\frac{1}{2}$ kg

4.

1 kg	280 g	400 g	890 g	375 g
	720 g	600 g	110 g	625 g

1 kg	709 g	$\frac{1}{2}$ kg	$\frac{1}{4}$ kg
	291 g	500 g	750 g

Seite 139

1. a) Der Inhalt eines Eimers passt 2-mal in die Gießkanne.

   b) Der Inhalt einer Milchtüte passt 10-mal in die Gießkanne.

   c) Der Inhalt eines Kakaopäckchens passt 20-mal in die Gießkanne.

   d) Der Inhalt eines Sahnepäckchens passt 40-mal in die Gießkanne.

2. In 1 Flasche sind 250 ml weniger Wasser als ein Liter. Also passen in die Gießkanne mindestens 10 Flaschen Wasser. Dann passen noch zehnmal 250 ml Wasser in die Gießkanne. Neunmal 250 ml passen in 3 Flaschen. Also passen 13 Flaschen in eine Gießkanne.

   Wenn du schon über 1 000 rechnen kannst, kannst du auch so arbeiten:
   10 000 ml : 750 ml
   1 000 ml : 75 ml = 13
   750 ml : 75 ml = 10
   150 ml : 75 ml = 2
   75 ml : 75 ml = 1
   Reste brauchst du nicht zu berücksichtigen, denn es geht ja nur um ganze Flaschen.

zu Seite 137, 4.

	Montag	Dienstag	Mittwoch	Donnerstag	Freitag
Beginn	16.50 Uhr	15.40 Uhr	14.15 Uhr	15.20 Uhr	13.45 Uhr
Dauer	45 min	55 min	40 min	1 h 15 min	33 min
Ende	17.35 Uhr	16.35 Uhr	14.55 Uhr	16.35 Uhr	14.18 Uhr

Du hast vielleicht auch so überlegt:
4 Flaschen ergeben 3 Liter
8 Flaschen ergeben 6 Liter
12 Flaschen ergeben 9 Liter
1 Flasche ergibt weniger als 1 Liter
A: Also passen 13 Flaschen in die Gießkanne.

3. 470 ml – 220 ml = 250 ml
360 ml – 110 ml = 250 ml
117 ml + 133 ml = 250 ml
1 l – 750 ml = 250 ml
13 ml + 237 ml = 250 ml

4. a)
63 l
\+ 152 l
\+ 180 l
395 l
A: Es werden insgesamt 395 l abgefüllt.

b)
500 l
– 395 l
105 l
A: Es sind noch 105 l im Fass.

5. a)
220 l
\+ 356 l
\+ 276 l
843 l
A: Es wurden 843 l Öl verbraucht.

b)
1 000 l
– 843 l
157 l
A: Im Tank sind noch 157 l Öl.

Seiten 140 – 141

1. Rechnung: 2 € + 1 € = 3 €
A: Pierre hat insgesamt 3 € bekommen.

2. a) Um diese Aufgabe zu lösen, muss ich *plus, minus, mal, geteilt* rechnen.
b) Rechnung: 217 € – 150 € = 67 €
A: Nina bleiben noch 67 € übrig.

3. a) Um diese Aufgabe zu lösen, muss ich *plus, minus, mal, geteilt* rechnen.
b) Rechnung: 3 · 30 kg = 90 kg
A: Emilys Vater wiegt 90 kg.

4. a) Um diese Aufgabe zu lösen, muss ich *plus, minus, mal, geteilt* rechnen.
b) Rechnung:
216 Sticker : 3 = 72 Sticker
A: Jeder der drei bekommt 72 Sticker.

5. a) Um diese Aufgabe zu lösen, muss ich *plus, minus, mal, geteilt* rechnen.
b) Rechnungen:
200 ml + 75 ml = 275 ml;
750 ml – 275 ml = 475 ml
A: Es sind noch 475 ml in der Flasche.

6. a) Um diese Aufgabe zu lösen, muss ich *plus, minus, mal, geteilt* rechnen.
b) Rechnungen:
308 € + 260 € = 568 €;
568 € : 8 = 71 €
A: Jede Klasse erhält 71 €.

7. a) Unterstreiche: *sägt, ab, schneidet, in zwei genau gleich lange Teile*
b) Rechnungen:
19 m – 5 m = 14 m;
14 m : 2 = 7 m
A: Die Teilstücke sind je 7 m lang.

Seite 142

1. a)

Trinkpäckchen	Preis (€)
3	2,16
9	6,48

A: Für 9 Päckchen zahlt sie 6,48 €.

b)

Trinkpäckchen	Preis (€)
1	0,68
3	2,04

A: Im 2. Geschäft sind die Trinkpäckchen günstiger.

2. Marie:

	Strecke (km)	Zeit (h)
	3	10
· 2	6	20
· 2	12	40

A: Marie würde für 12 Kilometer 40 Minuten brauchen. Also fährt sie schneller als Jan.

Seite 143

1. a) 32 Autos fuhren insgesamt zwischen 15 und 16 Uhr an den 5 Tagen vorbei.
b) Die meisten Autos zählte er am Montag (9).

2. a) Dorf 4 hat 450 Einwohner weniger als Dorf 5.
b) Dorf 5 hat so viele Einwohner wie Dorf 4 und Dorf 2 zusammen.

Seite 144

a) 
c) 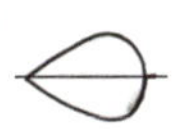
e) 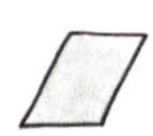

zu Seite 144

b)  d) 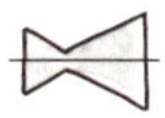

Die Figuren a) und e) sind nicht symmetrisch.

2. 

3. a) A C D E F G

b) Die Buchstaben F und G sind nicht symmetrisch.

c) A Y T H E M D

Seite 145

1. a) Es entstehen $3 \cdot 9 = 27$ kleine Würfel.

   b) 8 Würfel besitzen drei blaue Flächen.

   c) 12 Würfel besitzen zwei blaue Flächen.

   d) 6 Würfel haben eine blaue Fläche.

   e) Ein Würfel (der innerste) hat keine blaue Fläche.

   f) Die Summe aller Würfel von b) bis e) muss 27 betragen.
   $8 + 12 + 6 + 1 = 27$

2. 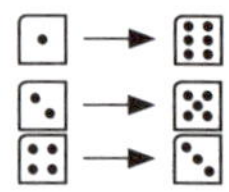
   $1 + 6 = 7$
   $2 + 5 = 7$
   $4 + 3 = 7$

3. 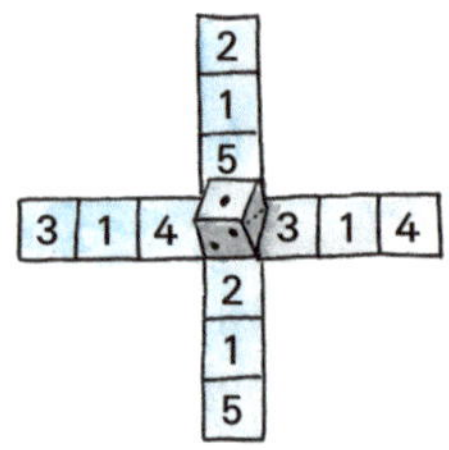

Seiten 146 – 148

1. a)
7
70
700
7 000

b)
2
20
200
2 000

2. a)
32 000 + 16 000 = 48 000
32 + 16 = 48
45 000 + 9 000 = 54 000
45 + 9 = 54
87 000 + 12 000 = 99 000
87 + 12 = 99

b)
47 000 – 5 000 = 42 000
47 – 5 = 42
62 000 – 18 000 = 44 000
62 – 18 = 44
41 000 – 19 000 = 22 000
41 – 19 = 22

c)
16 000 + 7 000 = 23 000
16 + 7 = 23
29 000 – 14 000 = 15 000
29 – 14 = 15
35 000 + 26 000 = 61 000
35 + 26 = 61

3. a)
4 200 + 900 = 5 100
42 + 9 = 51
700 + 8 600 = 9 300
7 + 86 = 93
6 700 + 500 = 7 200
67 + 5 = 72

b)
6 340 + 80 = 6 420
634 + 8 = 642
7 920 + 90 = 8 010
792 + 9 = 801
650 + 120 = 770
65 + 12 = 77

c)
5 320 – 70 = 5 250
532 – 7 = 525
4 840 – 90 = 4 750
484 – 9 = 475
6 700 – 800 = 5 900
67 – 8 = 59

4. a)
4 335 + 90 = 4 425
335 + 90 = 425
5 147 + 70 = 5 217
147 + 70 = 217
6 244 + 80 = 6 324
244 + 80 = 324

b)
9 145 + 250 = 9 395
145 + 250 = 395
6 271 + 320 = 6 591
271 + 320 = 591
7 515 + 150 = 7 665
515 + 150 = 665

c)
4 375 – 80 = 4 295
375 – 80 = 295
5 125 – 40 = 5 085
125 – 40 = 85
6 721 – 90 = 6 631
721 – 90 = 631

5. a)
4 800 + 580 = ?
5 300 + 180 = 5 380
oder
5 000 + 380 = 5 380

7 600 + 490 = ?
8 000 + 90 = 8 090
6 800 + 760 = ?
7 500 + 160 = 7 560
oder
7 000 + 560 = 7 560

b)
5 600 + 820 = ?
6 400 + 20 = 6 420
oder
6 000 + 420 = 6 420

6 800 + 470 = ?
7 200 + 70 = 7 270
oder
7 000 + 270 = 7 270
3 700 + 960 = ?
4 600 + 60 = 4 660
oder
4 000 + 660 = 4 660

6. a)
7 300 – 860 = ?
6 500 – 60 = 6 440
oder
7 000 – 560 = 6 440

6 400 – 750 = ?
5 700 – 50 = 5 650
oder
6 000 – 350 = 5 650

8 200 – 430 = ?
7 800 – 30 = 7 770
oder
8 000 – 230 = 7 770

9 500 – 620 = ?
8 900 – 20 = 8 880
oder
9 000 – 120 = 8 880

b)
8 100 – 350 = ?
7 800 – 50 = 7 750
oder
8 000 – 250 = 7 750

6 300 – 480 = ?
5 900 – 80 = 5 820
oder
6 000 – 180 = 5 820

zu Seiten 146 – 148

7 200 – 560 = ?
6 700 – 60 = 6 640
oder
7 000 – 360 = 6 640

8 200 – 840 = ?
7 400 – 40 = 7 360
oder
8 000 – 640 = 7 360

7. a) 9 320 + 680 = 10 000
8 450 + 550 = 9 000
7 260 + 740 = 8 000
8 150 + 850 = 9 000

b) 6 370 + 630 = 7 000
4 140 + 860 = 5 000
2 530 + 470 = 3 000
6 150 + 850 = 7 000

8. a) (+ → , – ↓)

8 400	960	9 360
340	660	1 000
8 060	300	8 360

b) (– → , – ↓)

67 000	35 000	32 000
41 000	29 000	12 000
26 000	6 000	20 000

9. a) Du erhältst die Zahl 7 600.

b) Die Zahl ist insgesamt um 2 800 gewachsen.

c) 4 800 + 7 · 400 = ?
4 800 + 2 800 = 7 600

Seite 149

1. a)

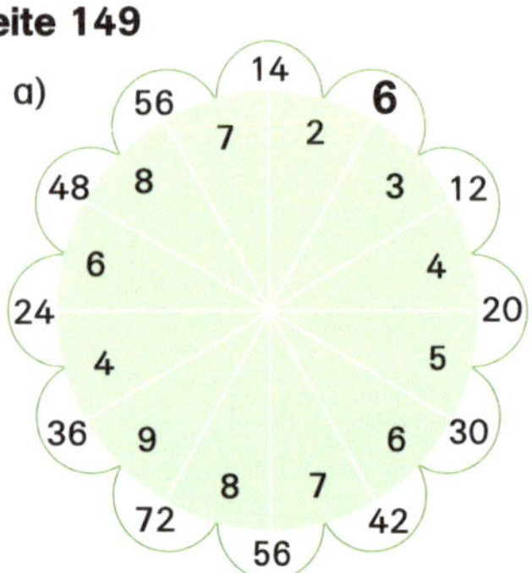

b)

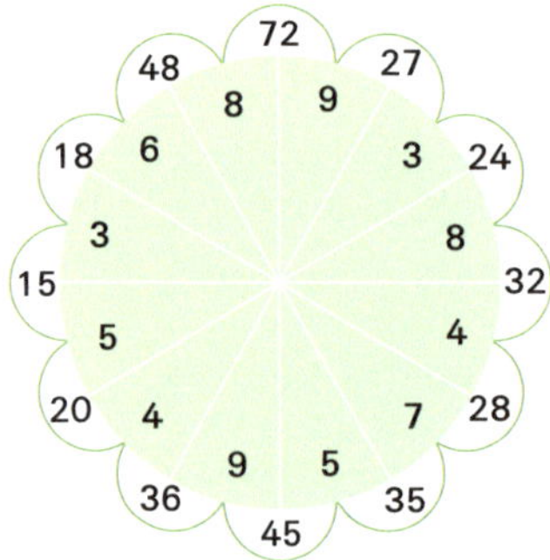

2. a)

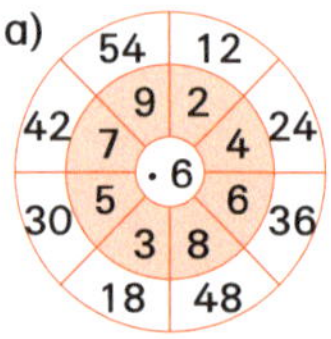

b)

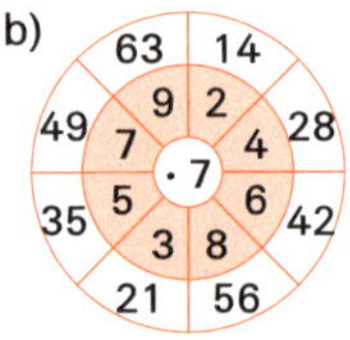

c)

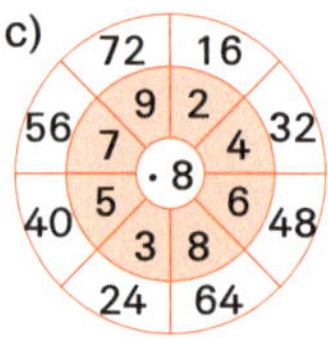

d)

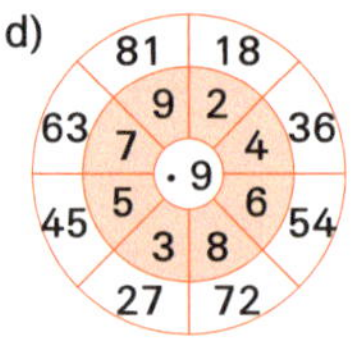

3. a)

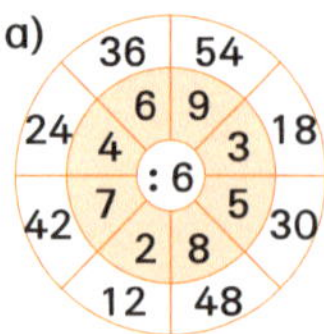

b)

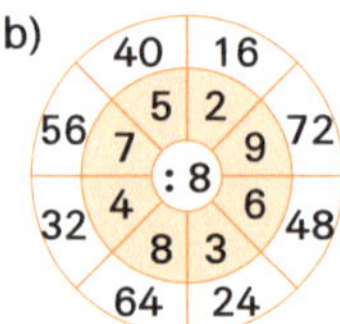

c)

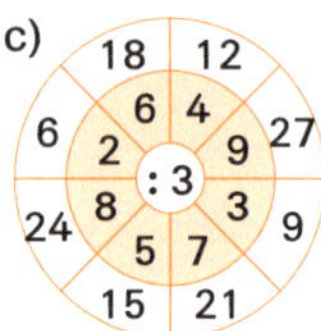

d)

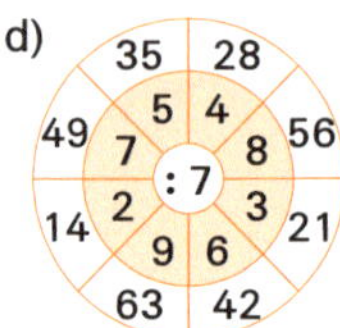

Seiten 150 – 151

1. a) 139 · 7
100 · 7 = 700
\+ 30 · 7 = 210
\+ 9 · 7 = 63
139 · 7 = 973

523 · 4
500 · 4 = 2 000
\+ 20 · 4 = 80
\+ 3 · 4 = 12
523 · 4 = 2 092

$\underline{621 \cdot 7}$
$600 \cdot 7 = 4200$
$+\ 20 \cdot 7 = 140$
$+\ 1 \cdot 7 = 7$
$621 \cdot 7 = 4347$

$\underline{317 \cdot 9}$
$300 \cdot 9 = 2700$
$+\ 10 \cdot 9 = 90$
$+\ 7 \cdot 9 = 63$
$317 \cdot 9 = 2853$

b) $\underline{241 \cdot 6}$
$200 \cdot 6 = 1200$
$+\ 40 \cdot 6 = 240$
$+\ 1 \cdot 6 = 6$
$241 \cdot 6 = 1446$

$\underline{824 \cdot 5}$
$800 \cdot 5 = 4000$
$+\ 20 \cdot 5 = 100$
$+\ 4 \cdot 5 = 20$
$824 \cdot 5 = 4120$

$\underline{937 \cdot 8}$
$900 \cdot 8 = 7200$
$+\ 30 \cdot 8 = 240$
$+\ 7 \cdot 8 = 56$
$937 \cdot 8 = 7496$

$\underline{425 \cdot 6}$
$400 \cdot 6 = 2400$
$+\ 20 \cdot 6 = 120$
$+\ 5 \cdot 6 = 30$
$425 \cdot 6 = 2550$

c) $\underline{148 \cdot 3}$
$100 \cdot 3 = 300$
$+\ 40 \cdot 3 = 120$
$+\ 8 \cdot 3 = 24$
$148 \cdot 3 = 444$

$\underline{534 \cdot 9}$
$500 \cdot 9 = 4500$
$+\ 30 \cdot 9 = 270$
$+\ 4 \cdot 9 = 36$
$534 \cdot 9 = 4806$

$\underline{712 \cdot 6}$
$700 \cdot 6 = 4200$
$+\ 10 \cdot 6 = 60$
$+\ 2 \cdot 6 = 12$
$712 \cdot 6 = 4272$

$\underline{453 \cdot 8}$
$400 \cdot 8 = 3200$
$+\ 50 \cdot 8 = 400$
$+\ 3 \cdot 8 = 24$
$453 \cdot 8 = 3624$

2. a) $235 \cdot 7 = 1400 + 210 + 35 = 1645$
$412 \cdot 8 = 3200 + 80 + 16 = 3296$
$521 \cdot 3 = 1500 + 60 + 3 = 1563$
$216 \cdot 5 = 1000 + 50 + 30 = 1080$

b) $137 \cdot 5 = 500 + 150 + 35 = 685$
$217 \cdot 3 = 600 + 30 + 21 = 651$
$429 \cdot 4 = 1600 + 80 + 36 = 1716$
$832 \cdot 6 = 4800 + 180 + 12 = 4992$

c) $625 \cdot 2 = 1200 + 40 + 10 = 1250$
$721 \cdot 9 = 6300 + 180 + 9 = 6489$
$169 \cdot 8 = 800 + 480 + 72 = 1352$
$432 \cdot 5 = 2000 + 150 + 10 = 2160$

d) $316 \cdot 7 = 2100 + 70 + 42 = 2212$
$425 \cdot 8 = 3200 + 160 + 40 = 3400$
$679 \cdot 6 = 3600 + 420 + 54 = 4074$
$431 \cdot 9 = 3600 + 270 + 9 = 3879$

3. a) $\underline{5965 : 5}$
$5000 : 5 = 1000$
$+\ 500 : 5 = 100$
$+\ 450 : 5 = 90$
$+\ 15 : 5 = 3$
$5965 : 5 = 1193$

$\underline{4269 : 3}$
$3000 : 3 = 1000$
$+\ 1200 : 3 = 400$
$+\ 60 : 3 = 20$
$+\ 9 : 3 = 3$
$4269 : 3 = 1423$

$\underline{4254 : 6}$
$4200 : 6 = 700$
$+\ 54 : 6 = 9$
$4254 : 6 = 709$

$\underline{8199 : 9}$
$8100 : 9 = 900$
$+\ 90 : 9 = 10$
$+\ 9 : 9 = 1$
$8199 : 9 = 911$

b) $\underline{4345 : 5}$
$4000 : 5 = 800$
$+\ 300 : 5 = 60$
$+\ 45 : 5 = 9$
$4345 : 5 = 869$

$\underline{7236 : 9}$
$7200 : 9 = 800$
$+\ 36 : 9 = 4$
$7236 : 9 = 804$

$\underline{1484 : 4}$
$1200 : 4 = 300$
$+\ 200 : 4 = 50$
$+\ 80 : 4 = 20$
$+\ 4 : 4 = 1$
$1484 : 4 = 371$

zu Seiten 150–151

7 092 : 3
6 000 : 3 = 2 000
+ 900 : 3 = 300
+ 180 : 3 = 60
+ 12 : 3 = 4
7 092 : 3 = 2 364

c) 4 896 : 4
4 000 : 4 = 1 000
+ 800 : 4 = 200
+ 80 : 4 = 20
+ 16 : 4 = 4
4 896 : 4 = 1 224

6 084 : 6
6 000 : 6 = 1 000
+ 60 : 6 = 10
+ 24 : 6 = 4
6 084 : 6 = 1 014

9 785 : 5
5 000 : 5 = 1 000
+ 4 500 : 5 = 900
+ 250 : 5 = 50
+ 35 : 5 = 7
4 896 : 5 = 1 957

5 360 : 8
4 800 : 8 = 600
+ 560 : 8 = 70
5 360 : 8 = 670

4. a) 8 245 : 5 =
= 1 000 + 600 + 40 + 9 = 1 649
6 248 : 4 =
= 1 000 + 500 + 60 + 2 = 1 562
9423 : 9 =
= 1 000 + 40 + 7 = 1047
8 568 : 7 =
= 1 000 + 200 + 20 + 4 = 1 224

b) 5 425 : 5 =
= 1 000 + 80 + 5 = 1 085
8 478 : 2 =
= 4 000 + 200 + 30 + 9 = 4 239
4 124 : 4 =
= 1 000 + 30 + 1 = 1 031
7 248 : 8 = 900 + 6 = 906

c) 3 714 : 3 =
= 1 000 + 200 + 30 + 8 = 1 238
9 522 : 9 =
= 1 000 + 50 + 8 = 1 058
4 374 : 6 = 700 + 20 + 9 = 729
8 735 : 5 =
= 1 000 + 700 + 40 + 7 = 1 747

d) 3 212 : 4 = 800 + 3 = 803
6 732 : 9 = 700 + 40 + 8 = 748
4 125 : 3 =
= 1 000 + 300 + 70 + 5 = 1 375
7 525 : 5 =
= 1 000 + 500 + 5 = 1 505

5. **A bedeutet immer Antwort.**
a) 198 · 4 = 792
A: Man benötigt 792 Platten.
b) 198 · 6 = 1 188
A: Man benötigt 1 188 Platten.

6. a) 2 648 : 4 = 662
A: 662 Platten passen in jede Reihe.
b) 2 648 : 8 = 331
A: 331 Platten liegen nun in jeder Reihe.

Seite 152

1. a) 9 → 9 · 5 = 45
6 → 6 · 6 = 36
4 → 4 · 7 = 28
b) 80 → 80 · 4 = 320
30 → 30 · 6 = 180
50 → 50 · 5 = 250
c) 8 → 8 · 70 = 560
6 → 6 · 80 = 480
7 → 7 · 30 = 210
d) 18 → 18 · 30 = 540
9 → 9 · 30 = 270
5 → 5 · 80 = 400

2. a) 4 R 1 → 4 · 7 + 1 = 29
5 R 5 → 5 · 6 + 5 = 35
6 R 3 → 6 · 8 + 3 = 51
b) 4 R 3 → 4 · 8 + 3 = 35
8 R 2 → 8 · 5 + 2 = 42
8 R 2 → 8 · 3 + 2 = 26
c) 30 R 2 → 30 · 8 + 2 = 242
30 R 5 → 30 · 6 + 5 = 185
50 R 1 → 50 · 5 + 1 = 251
d) 2 R 60 → 2 · 70 + 60 = 200
3 R 10 → 3 · 90 + 10 = 280
6 R 10 → 6 · 50 + 10 = 310

3. a) 28 : 3 = 9 R 1
38 : 4 = 9 R 2
48 : 5 = 9 R 3
58 : 6 = 9 R 4
68 : 7 = 9 R 5
b) 37 : 6 = 6 R 1
44 : 7 = 6 R 2
51 : 8 = 6 R 3
58 : 9 = 6 R 4
65 : 10 = 6 R 5

c) 123 : 4 = 30 R 3
246 : 4 = 61 R 2
369 : 4 = 92 R 1
492 : 4 = 123
615 : 4 = 153 R 3

Seiten 153 – 154

1. 39 + 45 = 84
(+1) (−1)
40 + 44 = 84

168 + 25 = 193
(+2) (−2)
170 + 23 = 193

41 + 58 = 99
(−2) (+2)
39 + 60 = 99

72 − 34 = 38
(+6) (+6)
78 − 40 = 38

186 − 49 = 137
(+1) (+1)
187 − 50 = 137

96 − 58 = 38
(+2) (+2)
98 − 60 = 38

2. a) 69 + 25 = 70 + 24 = 94
76 + 28 = 74 + 30 = 104
139 + 46 = 140 + 45 = 185
248 + 45 = 250 + 43 = 293

b) 95 − 38 = 97 − 40 = 57
127 − 99 = 128 − 100 = 28
259 − 63 = 266 − 70 = 196
61 − 39 = 62 − 40 = 22

c) 37 + 59 = 36 + 60 = 96
176 − 68 = 178 − 70 = 108
219 + 76 = 220 + 75 = 295
109 − 53 = 106 − 50 = 56

3. a) 78 · 9 = 780 − 78 = 702
37 · 9 = 370 − 37 = 333
66 · 9 = 660 − 66 = 594
33 · 9 = 330 − 33 = 297

b) 72 · 11 = 720 + 72 = 792
35 · 11 = 350 + 35 = 385
62 · 11 = 620 + 62 = 682
27 · 11 = 270 + 27 = 297

4. a) 89 · 6 = 540 − 6 = 534
59 · 8 = 480 − 8 = 472
39 · 4 = 160 − 4 = 156
99 · 7 = 700 − 7 = 693

b) 91 · 5 = 450 + 5 = 455
61 · 7 = 420 + 7 = 427
71 · 8 = 560 + 8 = 568
41 · 6 = 240 + 6 = 246

Seite 155

1. a)
```
  4712
+  856
+ 2173
   111
------
  7741
```
b)
```
   704
+ 1256
+ 2579
   111
------
  4539
```

2.
```
  4215
+  317
+   48
+ 1057
    12
------
  5637
```

3.
```
  3019
+   79
+  109
+ 1432
    12
------
  4639
```

4.
```
  4125
+  173
+  892
+ 1708
   111
------
  6898
```

5. a)
```
   821
+ 3710
+  210
+ 1765
   21
------
  6506
```
b)
```
  1251
+   28
+  108
+ 4205
    2
------
  5592
```

zu Seite 155

6. a)
```
  2 4 3 1
+ 1 6 7 9
+ 5 2 0 7
  1 1 1
  9 3 1 7
```
(bold digits: 4, 9, 0)

Du findest die fehlenden Ziffern so durch Ergänzen.

7 + 1 = 8
→ 8 + [9] = 17
1 + 7 + 3 = 11
→ 11 + [0] = 11
1 + 2 + 6 = 9
→ 9 + [4] = 13
1 + 5 + 1 + 2 = [9]

b)
```
  3 4 2 1
+   9 7 6
+ 5 4 3 2
  1 1
  9 8 2 9
```

c)
```
  2 7 8 1
+ 3 8 7 2
+ 1 5 6 7
  2 2 1
  8 2 2 0
```

d)
```
  4 3 0 0
+ 2 5 6 1
+   8 5 2
  1 1
  7 7 1 3
```

e)
```
  2 5 6 9
+   3 5 4
+ 6 2 0 6
  1 1 1
  9 1 2 9
```

f)
```
  4 2 1 3
+ 3 2 4 1
+ 2 4 1 3
  9 8 6 7
```

Seite 156

1. a)
```
  7 2 3 4      8 1 3 7      6 2 7 1
- 4 3 5 6    -   4 9 5    - 1 3 5 0
  1 1 1        1 1          1
  2 8 7 8      7 6 4 2      4 9 2 1
```

b)
```
  2 5 1 4      3 2 1 4      4 9 5 3
-   9 4 6    - 2 9 3 1    -   9 4 8
  1 1 1        1 1              1
  1 5 6 8        2 8 3      4 0 0 5
```

c)
```
  2 3 4 1      7 9 2 1      4 0 4 0
- 1 2 4 6    - 4 3 0 2    -   1 4 9
    1 1            1        1 1 1
  1 0 9 5      3 6 1 9      3 8 9 1
```

2. a)
```
  7 8 8 5
- 5 7 9 8
    1 1
  2 0 8 7
```
b)
```
  4 7 6 3
-   9 8 4
  1 1 1
  3 7 7 9
```
c)
```
  5 0 0 7
- 3 2 1 8
  1 1 1
  1 7 8 9
```

Alle Lösungen waren falsch.

3. a)
```
  5 8 1 0
- 3 2 4 7
    1 1
  2 5 6 3
```
7 + 3 = 1[0]
1 + 4 + 6 = 1[1]
1 + 5 + 2 = 8
3 + 2 = [5]

b)
```
  1 8 4 3
-   7 6 8
    1 1
  1 0 7 5
```

Seite 157

1. a)
```
  6
  7̸ 5 4 3
-   8 4 2
  6 7 0 1
```
b)
```
  2 6 3
  3̸ 7̸ 4̸ 2
- 1 9 5 6
  1 7 8 6
```
c)
```
  7
  8̸ 2 4 5
- 3 5 1 4
  4 7 3 1
```
d)
```
    6 1
  6 7̸ 2̸ 1
- 6 5 4 9
    1 7 2
```
e)
```
  3 5 1
  4̸ 6̸ 2̸ 5
-   8 7 6
  3 7 4 9
```
f)
```
  4 1 3
  5̸ 2̸ 4̸ 0
- 1 7 6 5
  3 4 7 5
```

2. a)
```
  5 4 9
  6̸ 5̸ 0̸ 2
-   7 8 5
  5 7 1 7
```
b)
```
  6 9
  7̸ 0̸ 0̸ 8
- 2 5 6 1
  4 4 4 7
```
c)
```
  3 2 9
  4̸ 3̸ 0̸ 5
-   9 8 7
  3 3 1 8
```

Seiten 158–159

1. a)
```
4 1 2 5 · 2 6
    8 2 5 0
    2 4 7 5 0
  1 0 7 2 5 0
```
b)
```
4 3 2 5 · 1 7
      4 3 2 5
    3 0 2 7 5
    7 3 5 2 5
```

2. a)
```
2 1 4 6 · 2 3
      4 2 9 2
        6 4 3 8
      4 9 3 5 8
```
b)
```
4 7 4 3 · 8 6
      5 9 4 4
        4 4 5 8
      6 3 8 9 8
```

3. a) 7506 b) 7560 c) 6156
7322 18072 21280

4. a) 55965 b) 159980 c) 8840
d) 186613 e) 430250 f) 20010
343125 165240 28750

5\. a)
```
4025·26
-------
   8050
  24150
-------
 104650
```
d)
```
7020·74
-------
  49140
  28080
-------
 519480
```

6\. a)
```
4253·15
-------
   4253
  21265
-------
  63795
```
b)
```
2131·35
-------
   6393
  10655
-------
  74585
```

7\. a) 623 · 52 = 32396
→ Ü: 600 · 50 = 30000

b) 41 · 195 = 4995
→ Ü: 40 · 200 = 8000; Aufgabe falsch

c) 1089 · 19 = 10691
→ Ü: 1000 · 20 = 20000;
Aufgabe falsch

d) 185 · 203 = 37555
→ Ü: 200 · 200 = 40000

Seiten 160 – 161

1\. a)
```
  6152 : 4 =
 -4000  →      1000
  2152
 -2000  →  +    500
   152
 - 120  →  +     30
    32
 -  32  →  +      8
     0         1538
```
6152 : 4 = 1538

b)
```
THZE   THZE
6152:4=1538
4
21
20
 15
 12
  32
  32
   0
```

2\. a)
```
THZE   THZE
8526:6=1421
6
25
24
 12
 12
  06
   6
   0
```

b)
```
THZE   THZE
6780:4=1695
4
27
24
 38
 36
 20
  20
   0
```

3\.
```
THZE    THZE
6349:7=  907
63
 04
  0
 49
 49
  0
```

4\. a)
```
4375:5=875
40
 37
 35
  25
  25
   0
```

b)
```
29133:9=3237
27
 21
 18
  33
  27
   63
   63
    0
```

c)
```
17488:4=4372
16
 14
 12
  28
  28
   08
    8
    0
```

4\. d)
```
25362:6=4227
24
 13
 12
  16
  12
   42
   42
    0
```

zu Seiten 160 – 161

e) 1 5 3 4 2 : 3 = 5 1 1 4
1 5
0 3
3
0 4
3
1 2
1 2
0

f) 9 8 1 6 : 8 = 1 2 2 7
8
1 8
1 6
2 1
1 6
5 6
5 6
0

Seite 162

1. 442 · 6 = 73 R 4

2. a) 7254 : 5 = 1450 R 4
b) 6725 : 3 = 2241 R 2
c) 84321 : 40 = 2108 R 1
d) 188205 : 20 = 9410 R 5

3. a) 17423 : 30 = 580 R 23
b) 48543 : 60 = 809 R 3
c) 59180 : 12 = 4931 R 8
d) 43057 : 12 = 3588 R 1

Seite 163

1. a) 12000 ml b) 10 l c) 250 ml
20000 ml 2 l 750 ml
3000 ml 25 l 1500 ml

d)

l	ml	Kommaschreibweise
5	300	5,300 l
8	250	8,250 l
	250	0,250 l
1	500	1,500 l
	800	0,800 l

2. a) 0,100 l b) 250 ml = 0,250 l
6,200 l 750 ml = 0,750 l
3,500 l 1250 ml = 1,250 l

3. a) 1250 ml + 1500 ml + 700 ml =
= 3450 ml = 3,450 l
A: Das sind 3,450 l.

b) 5000 ml – 3450 ml =
= 1550 ml = 1,550 l
A: Es bleiben 1,55 l im Kanister.

Seiten 164 – 165

1. a) 5,40 € b) 7,10 €
6,00 € 8,95 €
c) 9,60 € d) 4,20 €
7,20 € 6,50 €

2. a) 1427 ct + 1935 ct + 84 ct = 3446 ct = 34,46 €
45 ct + 1127 ct + 14525 ct = 15697 ct = 156,97 €

b) 853127 ct – 65334 ct = 787793 ct = 7877,93 €
119530 ct – 86745 ct = 32785 ct = 1327,85 €

c) 1248 ct · 37
3744
8736
46176 ct
= 461,76 €

97 ct · 45
388
485
4365 ct
= 43,65 €

d) 21384 ct : 8 = 2673 ct = 26,73 €
16
53
48
58
56
24
24
0

56160 ct : 6 = 9360 ct = 93,60 €
54
21
18
36
36
00
0
0

3. a) 24,56 € + 19,08 € + 5,66 € = 49,30 €
425,10 € + 86,45 € + 0,75 € = 512,30 €

b) 132,75 € – 81,54 € = 51,21 €
374,38 € – 147,16 € – 8,35 € = 218,87 €

4. a)
$$\begin{array}{r} 4{,}15\text{ €} \\ +\ 21{,}50\text{ €} \\ +\ 9{,}75\text{ €} \\ \hline 35{,}40\text{ €} \end{array}$$
A: Vor dem Sonderangebot müsste sie 35,40 € bezahlen.

b)
$$\begin{array}{r} 3{,}75\text{ €} \\ +\ 18{,}90\text{ €} \\ +\ 7{,}80\text{ €} \\ \hline 30{,}45\text{ €} \end{array}$$
A: Beim Sonderangebot müsste sie 30,45 € bezahlen.

c)
$$\begin{array}{r} 35{,}40\text{ €} \\ -\ 30{,}45\text{ €} \\ \hline 4{,}95\text{ €} \end{array}$$
A: Sie kann 4,95 € sparen.

5. a) 1. Supermarkt:
$$\begin{array}{r} 0{,}86\text{ €} \\ +\ 1{,}19\text{ €} \\ +\ 2{,}18\text{ €} \\ \hline 4{,}23\text{ €} \end{array}$$
A: Im ersten Supermarkt müsste sie 4,23 € bezahlen.

b) 2. Supermarkt:
$$\begin{array}{r} 0{,}89\text{ €} \\ +\ 1{,}05\text{ €} \\ +\ 2{,}07\text{ €} \\ \hline 4{,}01\text{ €} \end{array}$$
A: Im zweiten Supermarkt müsste sie 4,01 € bezahlen.

c) Ersparnis:
4,23 € – 4,01 € = 0,22 €
A: Sie kann 0,22 € sparen.

Seite 166

1. [1,65 m] > [1,56 m] > [147 cm] > [1,45 m] > [141 cm]

2. a) 2,50 m = 250 cm
4,3 cm > 35 mm
8,40 m = 840 cm

b) 6 500 m > 0,650 km
0,43 m < 46 cm
1,800 km = 1 800 m

c) 0,37 m > 28 cm
148 cm < 1,49 m
6,50 m > 65 cm

3. a)
$$\begin{array}{r} 425\text{ cm} \\ +\ 148\text{ cm} \\ +\ 46\text{ cm} \\ \hline 619\text{ cm} \\ =6{,}19\text{ m} \end{array} \qquad \begin{array}{r} +\ 7125\text{ m} \\ +\ 876\text{ m} \\ +\ 521\text{ m} \\ \hline +\ 8522\text{ m} \\ =8{,}522\text{ km} \end{array}$$

b)
$$\begin{array}{r} 5405\text{ m} \\ -\ 3420\text{ m} \\ \hline 1985\text{ m} \\ =1{,}985\text{ km} \end{array} \qquad \begin{array}{r} 484\text{ cm} \\ -\ 359\text{ cm} \\ \hline 125\text{ cm} \\ =1{,}25\text{ m} \end{array}$$

4. a) 3 120 m · 15 = 46 800 m = 46,800 km
3 680 cm · 23 = 84 640 cm = 846,40 m
842 m · 17 = 14 314 m = 14,314 km

b) 7 254 m : 9 = 806 m = 0,806 km
3 915 cm : 5 = 783 cm = 7,83 m
19 404 m : 12 = 1 617 m = 1,617 km

Seite 167

1. a) 12 847 km – 12 533 km = 314 km
A: Am ersten Tag hat er 314 km zurückgelegt.

km täglich
$$\begin{array}{r} 314\text{ km} \\ +\ 273\text{ km} \\ +\ 756\text{ km} \\ +\ 355\text{ km} \\ +\ 874\text{ km} \\ \hline 2572\text{ km} \end{array}$$

b) A: 2 572 km ist er in der Woche gefahren.
Du kannst auch so rechnen:
15 105 km – 12 533 km = 2 572 km

2. a) 76 km + 76 km + 68 km + 68 km = 288 km
A: Der kürzeste Weg ist A-B-A-C-A.

b) 68 km + 112 km + 112 km + 68 km = 360 km
A: Der Weg A-C-E-A ist 360 km lang.

c) 76 km + 231 km + 215 km = 522 km
A: Die Strecke A-B-D-A ist 522 km lang.

d) 68 km + 112 km + 126 km + 215 km = 521 km
A: Die Strecke A-C-E-D-A ist 521 km lang.

e)
$$\begin{array}{r} 288\text{ km} \\ +\ 360\text{ km} \\ +\ 522\text{ km} \\ +\ 521\text{ km} \\ \hline 1691\text{ km} \end{array}$$
A: Herr Huber ist an den 4 Tagen 1 691 km gefahren.

zu Seiten 167

3. a)
```
    45,4 km
  + 36,7 km
  + 68,0 km
  + 59,1 km
  + 40,0 km
  + 35,5 km
   284,7 km
```
A: Die Gesamtstrecke beträgt 284,7 km.

b)
```
   300,0 km
 − 284,7 km
    15,3 km
```
A: An 300 km fehlen Paul noch 15,3 km.

Seiten 168 – 169

Beim Umwandeln von Zeitmaßen musst du besonders aufpassen. Hier muss man mit 60 multiplizieren oder durch 60 dividieren.

1. a)

Sekunden
180 s
300 s
600 s
480 s
720 s

b)

Sekunden
60 s
30 s
15 s
45 s
90 s

c)

Minuten
4 min
2 min
8 min
10 min
20 min

d) Diese Umrechnungen sind etwas schwierig, weil jeweils 2 Zeiteinheiten auftauchen. Die Umwandlung von 100 s in Minuten und Sekunden solltest du so ausführen:
100 Sekunden : 60 =
= 1 Minute + 40 Sekunden als Rest, also 100 s = 1 min 40 s

100 s = 1 min 40 s
150 s = 2 min 30 s
210 s = 3 min 30 s
240 s = 4 min
250 s = 4 min 10 s

e) 2 min 10 s kannst du so in Sekunden umwandeln:
2 min = 2 · 60 s = 120 s
2 min 10 s = 120 s + 10 s =
= 130 s

2 min 10 s = 130 s
3 min 20 s = 200 s
5 min 8 s = 308 s
4 min 25 s = 265 s
6 min 12 s = 372 s

2. a)

Minuten
240 min
180 min
600 min
480 min
720 min

b)

Minuten
60 min
30 min
15 min
45 min
90 min

c)

Stunden
3 h
4 h
8 h
10 h
20 h

d) 80 min = 1 h 20 min
150 min = 2 h 30 min
200 min = 3 h 20 min
310 min = 5 h 10 min
100 min = 1 h 40 min

e) 2 h 30 min = 150 min
4 h 10 min = 250 min
1 h 50 min = 110 min
5 h 5 min = 305 min
7 h 15 min = 435 min

3. Auch beim Rechnen mit Zeitspannen muss man erst alle Maße in die gleiche Einheit umwandeln. Beim Addieren ist es häufig einfacher, die Einheiten getrennt zu addieren und hinterher umzuwandeln.
Beispiel: 3 min 16 s + 4 min 50 s =
7 min + 66 s = 8 min 6 s
Dieses Vorgehen ist aber nur bei Additionen sinnvoll. Bei Subtraktionen verrechnet man sich zu leicht. Dort solltest du immer vor der Rechnung umwandeln.

a) 95 s = 1 min 35 s
104 s = 1 min 44 s
75 s + 50 s = 125 s = 2 min 5 s
180 s = 3 min
85 s = 1 min 25 s

b) 85 min = 1 h 25 min
70 min = 1 h 10 min
152 min + 50 min = 202 min = 3 h 22 min
225 min = 3 h 45 min
125 min = 2 h 5 min

c) 80 s − 35 s = 45 s
85 s = 1 min 25 s
155 s = 2 min 35 s
95 s = 1 min 35 s
110 s = 1 min 50 s

d) 130 min − 50 min = 80 min = 1 h 20 min
45 min
105 min = 1 h 45 min
50 min
100 min = 1 h 40 min

4. a) 160 s · 3 = 480 s = 8 min
300 s = 5 min
390 s = 6 min 30 s
500 s = 8 min 20 s

b) 105 min · 4 = 420 min = 7 h
850 min = 14 h 10 min
800 min = 13 h 20 min
255 min = 4 h 15 min

c) 160 s : 4 = 40 s
14 s
55 s
100 s = 1 min 40 s

d) 90 min : 5 = 18 min
35 min
55 min
125 min = 2 h 5 min

Seiten 170 – 171

Beachte, dass eine Stunde 60 Minuten hat. Du musst deshalb zunächst auf 60 Minuten ergänzen.
Beispiel: 8.15 Uhr → 9.35 Uhr
Rechne so:
60 min – 15 min = 45 min
45 min + 35 min = 80 min = 1 h 20 min
oder so:
8.15 Uhr → 9.15 Uhr
1 h
9.15 Uhr → 9.35 Uhr
20 min
also: 1 h 20 min

1. a) 15 min
1 h 35 min
2 h 5 min
b) 1 h 10 min
20 min
1 h 5 min

2. Wochenvorschau: 30 min
Weltumsegelung: 45 min
Septimus Siebensohn: 30 min
Poga 1104: 45 min

3. 7.45 Uhr → 8.30 Uhr → 8.35 Uhr → 9.20 Uhr → 9.40 Uhr → 10.25 Uhr

4. 8.45 Uhr → 9.05 Uhr → 9.35 Uhr → 10.35 Uhr → 11.45 Uhr → 12.30 Uhr

5. Fahrzeiten:
RE 798: 1 h 17 min = 77 min
RE 516: 1 h 16 min = 76 min
RE 714: 1 h 12 min = 72 min
RE 614: 1 h 16 min = 76 min
RE 512: 1 h 17 min = 77 min

Seiten 172 – 173

1. 5,400 t > 0,540 t > 54 kg > 5 400 g > 0,540 kg

Solltest du Schwierigkeiten beim direkten Größenvergleich haben, so wandle alle Größen in dieselbe Einheit (kg) um.
5400 kg > 540 kg > 54 kg > 5,4 kg > 0,54 kg

2. a) 32 kg = 32 000 g
1,8 kg < 18 000 g
0,350 kg < 3 500 g

b) 1,250 t > 125 kg
0,540 t > 54 kg
4,125 t = 4 125 kg

c) 250 kg = $3\frac{1}{4}$ t
3 500 kg = 3,5 t
17 000 kg > 1,7 t

3. a)
85 kg
+ 3 712 kg
+ 654 kg
4 451 kg
= 4,451 t

3 875 g
+ 560 g
+ 125 g
4 560 g
= 4,560 kg

b)
9 651 kg
– 873 kg
8 778 kg
= 8,778 t

26 080 g
– 19 503 g
6 577 g
= 6,577 kg

4. a) 12 500 kg · 18
12 500
100 000
225 000 kg = 225 t

b) 8 720 g · 15
8 720
43 600
130 800 g = 130,800 kg

c) 871 g · 21
1 742
871
18 291 g = 18,291 kg

d) 30 375 g : 15 = 2 025 g = 2,025 kg
30
037
30
75
75
0

e) 3 455 g : 5 = 691 g = 0,691 kg
30
45
45
05
5
0

zu Seiten 172 – 173

f) 7 440 kg : 6 = 1 240 kg
6 = 1,240 t
14
12
24
24
00
0
0

5. a) $\frac{1}{2}$ kg = 500 g
250 g + 125 g + 500 g +
+ 135 g = 1 010 g = 1,010 kg
A: Das Päckchen wiegt 1 kg 10 g.

b) 2 000 g − 1 010 g = 990 g
A: Es könnten noch 990 g zugepackt werden.

6. a) 375 g + 1 280 g + 425 g +
+ 820 g = 2 900 g = 2,900 kg
A: Martin muss 2,9 kg tragen.

b) 280 g + 425 g + 820 g =
= 1 525 g = 1,525 kg oder
2 900 g − 375 g − 1 000 g =
= 1 525 g = 1,525 kg
A: Der Rucksack wiegt jetzt 1,525 kg.

7. a) 81,750 kg
\+ 65,800 kg
\+ 925,000 kg
\+ 77,000 kg
1 149,550 kg

A: Die Kisten wiegen insgesamt 1 149,550 kg.

b) 1 500,000 kg
− 1 149,550 kg
350,450 kg
A: Es könnten noch 350,450 kg zugeladen werden.

8. a) 180 g · 12 = 2 160 g = 2,160 kg
A: Die Päckchen wiegen insgesamt 2,160 kg.

b) 5,880 kg : 12 =
= 5 880 g : 12 = 490 g oder 0,490 kg
A: Jedes Päckchen ist 490 g oder 0,490 kg schwer.

c) 15 · 0,490 kg =
= 15 · 490 g = 7 350 g oder 7,350 kg
A: 15 Päckchen wiegen 7 350 g oder 7,350 kg.

9. a) 8 · 1,280 kg = 10,240 kg
8 · 850 g = 6,800 kg
15 · 1,280 kg = 19,200 kg
15 · 850 g = 12,750 kg

b) 7 · 1,280 kg + 17 · 850 g =
= 8,960 kg + 14,450 kg = 23,410 kg
A: Das Gesamtgewicht beträgt 23,410 kg.

c) 6 · 1,280 kg + 11 · 850 g = 17,030 kg

Seiten 174 – 175

1. a) 550 ct · 15 = 8 250 ct = 82,50 €
450 ct · 21 = 9 450 ct = 94,50 €
325 ct · 30 = 9 750 ct = 97,50 €

b) 82,50 €
\+ 94,50 €
\+ 97,50 €
274,50 €

15	5,50€	21	4,50€	30	3,25€
82,50€		94,50€		97,50€	
274,50€					

2. 5 000 g · 25 = 125 000 g
3 500 g · 12 = 42 000 g
1 750 g · 9 = 15 750 g
1 250 g · 15 = 18 750 g

125,000 kg
\+ 42,000 kg
\+ 15,750 kg
\+ 18,750 kg
201,500 kg

25	5 kg	12	3,500 kg	9	1,750 kg	15	1,250 kg
125 kg		42 kg		15,75 kg		18,75 kg	
201,500 kg							

3. a) 550 ct · 5 = 2 750 ct = 27,50 €
375 ct · 6 = 2 250 ct = 22,50 €
27,50 € + 22,50 € = 50,00 €
A: Der Gesamtpreis für die ersten beiden Sorten beträgt 50,00 €.

b) 59,20 € − 50,00 € = 9,20 €
A: Für die 3. Sorte hat er 9,20 € ausgegeben.

c) 920 ct : 4 = 230 ct = 2,30 €
A: Eine Flasche der 3. Sorte kostet 2,30 €.

5	5,50€	6	3,75€	4	2,30€
27,50€		22,50€		9,20€	
59,20€					

4. a)

3	2,60€	2	2,60€	4	3,20€
7,80€		5,20€		12,80€	
25,80€					

780 ct : 3 = 260 ct = 2,60 €
5,20 € : 2,60 € = 2
1 280 ct : 4 = 320 ct = 3,20 €
7,80 € + 5,20 € + 12,80 € = 25,80 €

b)

2	5,90€	3	1,30€	5	2,70€
11,80€		3,90€		13,50€	
29,20€					

1 180 ct : 2 = 590 ct = 5,90 €
3,90 € : 1,30 € = 3
29,20 € – 11,80 € – 3,90 € = 13,50 €
1 350 ct : 5 = 270 ct = 2,70 €

Seiten 176–177

1. Verkaufspreis des alten Autos

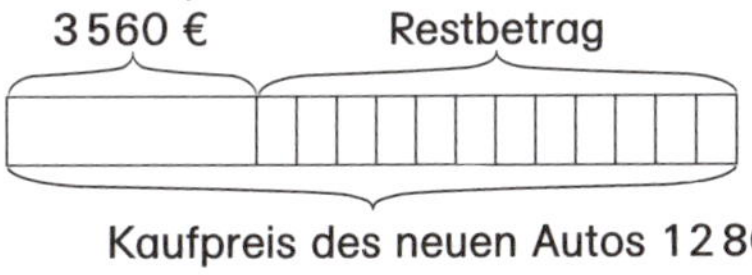

Restbetrag:
12 800 € – 3 560 € = 9 240 €
A: Er muss noch 9 240 € bezahlen.
Monatsrate:
9 240 € : 12 = 770 €
A: Herr Huber muss jeden Monat 770 € bezahlen.

2. bereits gespart fehlender

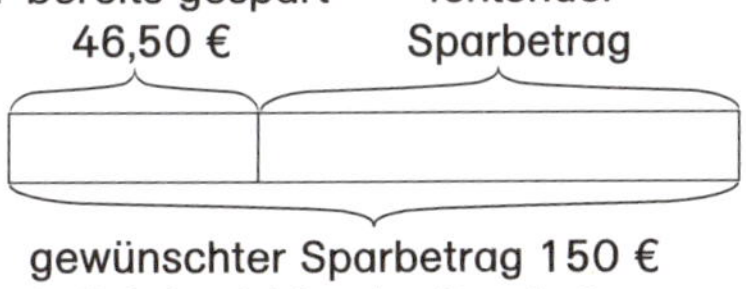

1. Schritt: fehlender Sparbetrag:

$$\begin{array}{r} 150{,}00\ € \\ -\ 46{,}50\ € \\ \hline 103{,}50\ € \end{array}$$

2. Schritt: Sparbetrag pro Woche:
10 350 ct : 23 = 450 ct = 4,50 €
A: Tina müsste jede Woche 4,50 € sparen.

3. a) 1 h 20 min = 80 min
A: Der Zug fährt 80 min.

b) 93 600 m : 80 = 1 170 m = 1,170 km
A: Er legt durchschnittlich 1,170 km in der Minute zurück.

c) 1 170 m · 60 = 70 200 m = 70,200 km
A: In einer Stunde legt er durchschnittlich 70,200 km zurück.

4. a)

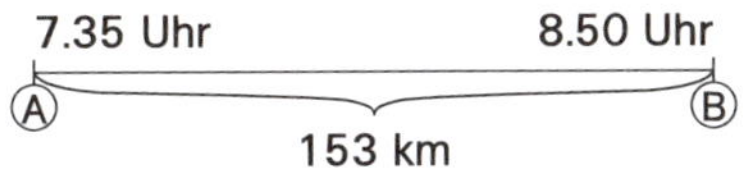

b) 1 h 15 min = 75 min

c) 153 000 m : 75 = 2 040 m = 2,040 km
A: Er legt 2,040 km pro Minute zurück.

d) 2 040 m · 60 = 122 400 m = 122,400 km
A: In der Stunde fährt er durchschnittlich 122,40 km.

5.

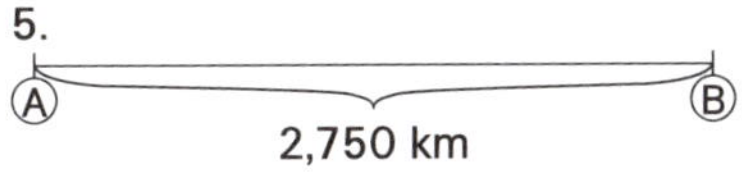

a) In 1 Minute schafft er weniger km als in 1 Stunde, nämlich:
15 km : 60 = 15 000 m : 60 =
= 250 m = 0,250 km

b) 2,750 km : 0,250 km =
= 2 750 m : 250 m =
= 275 m : 25 m = 11 min
A: Also braucht er für den Schulweg 11 Minuten.

c) A: Er muss spätestens um 7.34 Uhr aufbrechen.

Seiten 178–179

1. a) Versuch 1: Turm aus 11 Würfeln
Versuch 2: Turm aus 8 Würfeln
Versuch 3: Turm aus 14 Würfeln

b) A: Die Summe aller Würfel ist 50.
33 Würfel : 3 = 11 Würfel
(Mittelwert)

3. a)

Spiel Nr.	Zuschauer
1	3000
2	5000
3	6000
4	7000
5	4000

b) A: Die Summe der Zuschauer beträgt 25 000.
25 000 Zuschauer : 5 = 5000 Zuschauer (Mittelwert).

Seiten 180–181

1. a) Unterstreiche: <u>hinzufügt</u> für +, <u>dreimal</u> für ·
97 + 53 = 150; 150 · 3 = 450;
150 + 450 = 600
A: Das Puzzle besteht aus 600 Teilen.

zu Seiten 180–181

b) Unterstreiche: verteile für :, reduziert für –
96 : 3 = 32; 32 – 17 = 15
A: Inga hat recht.

2. Unterstreiche: verteilt für :
116 : 4 = 29
A: Frau Schneider hat 29 Kinder in ihrer Klasse.

3. Unterstreiche: fünfmal für · 55 · 5 = 275
A: Es werden 275 Radmuttern benötigt.

4. Unterstreiche: mehr für +, 2-mal für ·
1,23 m + 0,46 m = 1,69 m (Kims Bruder)
1,23 m · 2 = 2,46 m (Kim)

5. Unterstreiche: neunmal für ·
40 000 km · 9 = 360 000 km
A: Der Mond ist von der Erde etwa 360 000 km entfernt.

6. Unterstreiche: pro für :
12 240 : 3 = 4 080; 4 080 : 60 = 68
A: Leons Herz schlägt in der Minute 68-mal.
13 680 : 3 = 4 560; 4 560 : 60 = 76
A: Lisas Herz schlägt in der Minute 76-mal.

7. Unterstreiche: hebt ab für – und überwiesen für +
3 236 € – 1 024 € = 2 212 €;
2 212 € + 2 318 € = 4 530 €
A: Nun hat Herr Schmitz 4 530 € auf seinem Konto.

8. Unterstreiche: bringt für –, Hälfte für :, erhält für –, tankt für –
4 712 € – 4 000 € = 712 €: restliches Geld
712 € : 2 = 356 €: Hälfte des restlichen Geldes
356 € – 300 € = 56 €: Geld zum Tanken
A: Für das Tanken bezahlt er 56 €.

9. Unterstreiche: frisst für –, Hälfte für :, reduziert für –, frisst für –
600 – 240 = 360
360 : 2 = 180
180 – 90 = 90

a) A: Minni bekommt 90 Nüsse.

b) 240 : 30 = 8 frisst Coco pro Tag
180 : 30 = 6 frisst Lora pro Tag
90 : 30 = 3 frisst Tilly
90 : 30 = 3 frisst Minni

Seite 182

1. Kreuze Text b) an.
738 kg · 17 = 12 546 kg
A: Die gesamte Ladung wiegt 12 546 kg.

2. Nicht vier, sondern fünf Lottospieler teilen sich ihren Gewinn von 2 795 €.
2 795 € : 5 = 559 €
A: Jeder Spieler bekommt 559 €.

3. Durchzustreichen sind: ausgegeben, verloren, mietet, kann, singt
6 067 € – 4 250 € + 810 € = 2 627 €
A: Es bleiben Herrn Meyer noch 2 627 €.

Seite 183

1. Kreuze Frage b) an.
7.32 Uhr + 13 min = 7.45 Uhr
A: Hanna kam um 7.45 Uhr an der Schule an.
2. Kreuze Frage c) an.
50 € – 36,96 € = 13,04 €
A: Mutter bekommt 13,04 € zurück.

Seite 184

1. a) 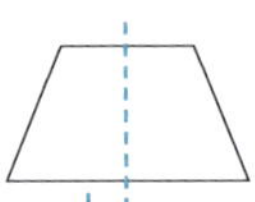
b) 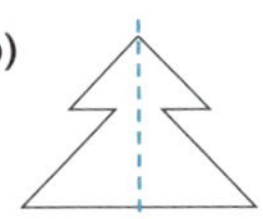
c) 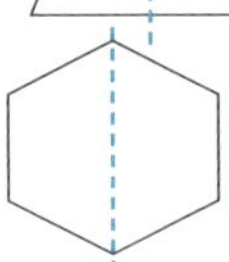

2. 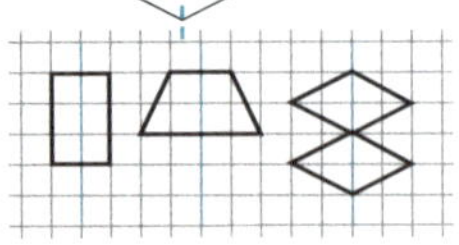

3. a) ja, b) nein, c) ja

4. a) 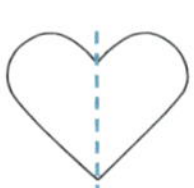
b) 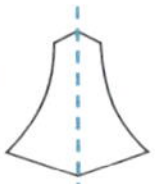

a) und b) sind symmetrisch.

Seite 185

1.a) 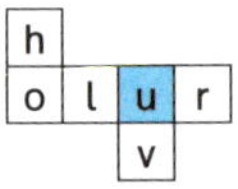

b) 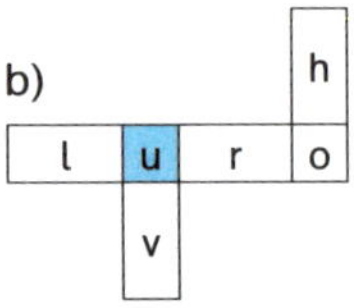

c) 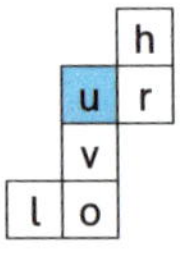

d) 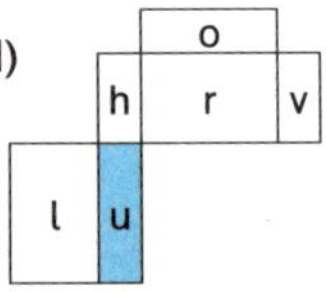

2. a) Der kleine Würfel passt 8-mal in den größeren.

b) Der kleine Würfel passt 27-mal in den größeren.